靠谱

成为一个可信赖的人

达夫 著

中华工商联合出版社

前言

靠谱，是一个人的立足之本，是衡量一个人能否有所成就的重要砝码。一个人生活在社会上，会与各种团队、组织和人员发生往来，在这个过程中，靠谱是最重要的能力。如果你做人做事不靠谱，组织不会聘用你，团队不会让你加盟，搭档不愿意与你共事，朋友不愿意与你往来，亲人不愿意给你信任，你最终将被社会抛弃。而一个靠谱的人，必定是一个忠诚、敬业、勤奋、主动、注重细节的人。靠谱保证了忠诚，保证了敬业，保证了态度。在责任的驱使下，你会积极挖掘自身潜能，保持最佳的精神状态，满怀激情地勤奋工作。一个靠谱的人会给别人信任感，吸引更多的人与自己合作。这样任何工作都不会难倒你，做任何事情都会得心应手。你的效率越来越高，成绩肯定也会越来越突出。领导会重视你、重用你。事实上，只有那些靠谱、勇于承担责任的人，才有可能被赋予更多的使命，才有资格获得更大的荣誉。由此可见，靠谱是决定事业成败、人生差异的关键因素。

靠谱比聪明更重要。事实上，只有既聪明又靠谱的人才是企业真正需要的人才。员工越聪明，他就越有可能为企业创造更大的效益。但是，他能够为企业创造效益的前提是必须靠谱。因为只有靠谱，勇于承担责任并且尽职尽责，充分发挥个人的能力和聪明才智，才能取得一定的业绩。相反，如果只有聪明，而做事不靠谱，缺乏责任心，丢三落四，很有可能酿成事故和造成不必要的损失。

一个人能否胜任自己的工作，取决于他的能力大小与靠谱程度，靠谱会提高能力，而能力并不代表靠谱。能力与靠谱的关系可拿木桶来比喻，能力就像是木桶的深度，而靠谱是木桶铁箍的坚实程度。铁箍不结实，木桶再深，也等于零。因此，靠谱决定工作业绩，决定成果，从这个角度说，靠谱胜于能力！

本书从做人、做事、工作、生活、社交、爱情等方面对"靠谱"进行了深刻的剖析，用生动翔实的资料和案例详细阐述了靠谱对个人的重要影响，帮助人们真正地把靠谱贯彻于工作和生活之中，让靠谱成为人们日常生活的态度和工作习惯，从而把握成功的先机。

目 录

第一章
靠谱，决定你的人生层次和高度
从零开始，脚踏实地才能跳得更高 //2
靠谱要看行动，而非说说而已 //4
幻想不劳而获，就是把命运拱手让出 //7
把菜鸟做好，才有望做凤凰 //9
成功属于沉得住气的"傻子"们 //11
比一般人多做一点，你就是不一般的人 //14
未来是用来打造的，而不是空想 //16
把"平凡"化成"非凡"的是持续的力量 //18
想要什么样的生活，就要站在什么样的高度 //20

第二章
做人靠谱，就是最高的情商
成熟稳重的人更容易获得他人的追随 //24
忠诚比能力更重要 //26
谦虚做人，才会让人觉得更靠谱 //28
诚信是赢得信任的基石 //30

用诚挚的关切获得别人的喜欢 // 33
有亲和力的人更受欢迎 // 35
有主见有坚持,靠谱的人内心坚定 // 37
自尊的人更让人折服 // 38
热情让你的魅力深入人心 // 41

第三章
做事靠谱,就是最大的能力

做高价值区的事,是成功的关键 // 44
不仅"做事",更要"做成事" // 46
做对了,才叫做了 // 49
第一次就把事情做对 // 52
建立做事次序,高效工作 // 54
化繁为简,做事更轻松 // 57
找准靶心,正确界定问题 // 60
抓住问题的根源,做对事 // 62
以老板的心态对待工作 // 64
卓越是标准,更是行动 // 66
把每一个细节做到完美 // 68

第四章
所谓靠谱,就是不断交付确定

瞬间启动,第一时间化问题为无形 // 72
不作"穷忙族",不陷入没有目标的怪圈 // 75
不要半途而废,分步实现大目标 // 78

凡事预则立，不预则废 // 81
带着思考去工作，培养"猎人式"的思考过程 // 83
像风火轮一样爆发十足执行动力 // 85
能完成100%，就绝不只做99% // 89
今日事今日毕，工作可以更容易 // 91
绝对执行，不找任何借口 // 93
工作要"赶"，但不要"急" // 96

第五章

职场上，比聪明更重要的是靠谱

遇到靠谱的领导，才能有施展才华的舞台 // 100
对老板也要精挑细选 // 102
最大的靠山是自己能创造价值 // 104
与其强求公平，不如突破自己 // 106
用心，才能升职加薪 // 108
速度很重要，但不是一切 // 109
远离个人英雄主义，与团队共进退 // 111
成功人士的秘诀：敬业是员工最大的能力 // 114

第六章

所有的幸运，都是靠谱的结果

幸运大多不是因为巧合 // 118
细致观察带来幸运 // 119
等待机遇的垂青不如去创造机遇 // 121
每一次挑战都是机遇 // 123

多尝试才会有机会 // 125
绝望的时候试着给自己一次机会 // 127
成功来自对自己强项的极致发挥 // 129
个人品牌让你更具竞争力 // 130

第七章
靠谱，向上社交的关键链接力

"人气旺"的背后是"这个人靠谱" // 136
靠谱是1，人脉是后面的0 // 138
亮出闪光点，摆脱"谁也不是"的状态 // 140
打造核心价值形象，成为别人乐于引荐的人 // 141
打造"实心社交"，杜绝"空心社交" // 143
跟比自己优秀的人交往，你也会变得优秀 // 145
关键朋友的"100／40社交法则" // 147

第八章
好的爱情不是靠浪漫，而是要靠谱

爱情越浪漫，越不容易长久 // 152
感觉，不是谁都玩得起的东西 // 155
过了"恋爱观察期"再交心 // 156
没有爱情不行，没有面包也不行 // 158
可以恋爱N次，但不可滥爱一次 // 160
别把感情浪费在不适合的人身上 // 162

第一章

靠谱，决定你的人生层次和高度

从零开始，脚踏实地才能跳得更高

成功的人，都有一个共同的特点：从零开始，脚踏实地。成功没有捷径，只能一步一步踏踏实实地走。

20世纪70年代初，麦当劳开始看好中国市场，其总部决定先在当地培训一批高级管理人员。他们选中了一个年轻企业家，通过几次商谈，还是没有定下来。最后一次谈判，总裁要求该企业家带着他的夫人来。在商谈的最后关头，总裁问了一个出人意料的问题："如果我们要你先去洗厕所，你会怎么想？"年轻企业家被这突如其来的一"棒"打蒙了。好在他旁边的夫人打破僵局："没关系，我老公在家里经常洗厕所。"就这样，他通过了面试。

令人没想到的是，第二天一上班，总裁真的安排这位年轻企业家去洗厕所，并尾随其后观察。直到后来他当上了高级管理人员，看了麦当劳总部的规章制度才知道，原来麦当劳训练员工的第一课就是洗厕所，连总裁也不例外。

麦当劳的经理都是从零开始的。脚踏实地、从头做起是在麦当劳成功的必要条件。麦当劳管理者认为："如果你没有经历过各个阶段的尝试,没有在各个工作岗位上实践,你如何以管理者的身份对员工进行监督和指导呢?"

这对于那些年轻、考取了很多资格证、踌躇满志想要大展宏图的人来说,往往是不能接受的。虽然很多新人很难做到,但那些在公司干了半年以上的人后来都成了麦当劳公司的忠诚雇员。

李嘉诚说:"不脚踏实地的人,是一定要当心的。假如一个年轻人不脚踏实地,我们使用他就会非常小心。你造一座大厦,如果地基打不好,上面再牢固,也是要倒塌的。"

日本"经营之神"松下幸之助年轻时在一家电器商店当学徒。同时在这家店里帮工的还有另外两个学徒,他们三人是同时进入这家商店的。开始时,三人薪水很低,另两个学徒时常发牢骚和抱怨,对工作日渐马虎起来。

松下幸之助以前没有做过电器方面的事情,初次到这家电器商店工作,面对那么多的电子产品,他明白了自己的无知。他每天都比别人晚下班,用这些时间阅读各种电子产品的说明书;其他两个同事外出游逛的时候,他参加了电器修理培训班。他花了大量的时间学习电器知识,因为他决心成为这方面的行家。他的两个同事却因为这些而嘲笑他。

通过不断努力,松下幸之助从一个对电器一窍不通的学徒变成了一个能够给顾客清楚明了地讲解电器知识的专家,并且可以动手修理与设计电器。这一切努力都没有白费,店主将这一切都看在眼里,对松下幸之助的这种学习精神非常赏识,不久将他由普通学徒转为正式员工,并且将店里的很多事情交给他处理。这为松下幸之助以后的创业打下了坚实的基础。与之相反，他的两个同事因为一直没有能力上的进步，被解雇了。

相比另外两个同事的牢骚抱怨，好高骛远，日后被开除，松下幸之助静下来研究电器知识，一步一个脚印，踏实工作，为他赢得了职位的提升，也为他以后的职业发展之路夯实了基础。

职场人不要小看自己所做的每一件事，即便是最普通的，也应该脚踏实地去完成。小任务顺利完成，有利于你对大任务的成功把握。一步一个脚印地向上攀登，便不会轻易跌落，通过工作获得真正力量的秘诀也就蕴藏其中。

靠谱要看行动，而非说说而已

世界上有两种人：空想家和行动者。空想家善于谈论、想象，设想去做大事情；而行动者则是去做！空想家，似乎不管怎样努力，都无法让自己去完成那些他知道自己应该完成或是可以完成的事情。

美国作家海明威小时候很爱空想，于是父亲给他讲了这样一个故事：

有一个人向一位思想家请教："您成为伟大的思想家，成功的关键是什么？"思想家告诉他："多思多想！"

这人听了思想家的话，仿佛很有收获。回家后躺在床上，望着天花板，一动不动地开始"多思多想"。

一个月后，这人的妻子跑来找思想家："求您去看看我丈夫吧，他从您这儿回去后，就像着了魔一样。"思想家到那人家中一看，只见那人变得形销骨立。他挣扎着爬起来问思想家："我每天除了吃饭，一直在思考，您看我离思想家还有多远？"

思想家问："你整天只想不做，那你思考了些什么呢？"

那人道："想的东西太多，头脑都快装不下了。"

"我看你除了脑袋上长满了头发，收获的全是垃圾。"

"垃圾？"

"只想不做的人只能生产思想垃圾。"思想家答道。

我们这个世界缺少实干家，而从来不缺少空想家。那些爱空想的人，看似满腹经纶，实际上是思想的巨人、行动的矮子。这样的人，只会为我们的世界平添混乱，自己一无所获，而不会创造任何的价值。

在父亲的教导下，海明威终其一生都喜欢实干而不是空谈，并且在其作品中塑造了无数推崇实干而不尚空谈的"硬汉"形象。作为一个成功的作家，海明威有着自己的行动哲学：**"没有行动，我有时感觉十分痛苦，简直痛不欲生。"**正因为如此，读他的作品，人们发现其中的主人公从来不说"我痛苦""我失望"之类的话，而是说"喝酒去""钓鱼吧"。

海明威之所以能写出流传后世的作品，就在于他一生行万里路，足迹踏遍了亚、非、欧、美各洲。他文章的大部分背景都是他去过的地方。在他实在的行动下，他取得了巨大的成功。

思想是好东西，但要紧的是付诸行动。任何事情本来就是要在行动中实现的。

不要再做梦了，拿出你的具体行动来，在你的屋里贴上一张张的纸条，上面写着："马上行动、马上行动、马上行动。"从空想家转变为行动者的第一步至关重要——**每天都尝试去做一点儿你原本不喜欢的事**。乍一看，这一建议似乎不合逻辑，不仅有点儿冒傻气，还带着点儿自虐的意味。然而，多看几遍这句话，你就会感受到它所蕴含的智慧。

行动者比空想家更容易获得成功，是因为行动者一贯采取持久的、有目的的行动，而空想家很少去着手行动，或是刚开始行动便懈怠了、放弃了。

一个人想成功、想赚钱、想人际关系好，可是从不行动；想健康、想有活力，想锻炼身体，可是从不运动；知道要设目标、订计划，但从来不去做；知道要早起、要努力，就是没有行动力——就这样，一天一天抱着成功的幻想，染上失败者的恶习，虚度年华，到最后只能以失败收场。

什么事情你一旦拖延，你就总会拖延，但你一旦开始行动，通常就会一直做到底。所以，凡事行动就是成功的一半，第一步是最重要的一步。

看到这里，请你不要再想了，再想也没有用，去做吧！任何事情想到就去做！**放下书本，现在就做**！

第一章 靠谱，决定你的人生层次和高度

幻想不劳而获，就是把命运拱手让出

年轻人总是幻想奇迹的出现。期望成功、敢于梦想固然没错，然而有些人却不是靠自身的努力去实现，而是寄希望于幸运。不愿意付出努力，想不劳而获，最终只能是一事无成。

韩非子在《五蠹》中讲述的"守株待兔"的故事，大家都很熟悉：农夫捡到一只撞死在树桩上的兔子，这种美事让他非常满意，于是他每天守着树桩等着捡兔子，以致田地荒芜。

事情往往是这样，那些心存侥幸、寄希望于幸运的人往往会双手空空、一无所获。我们必须清楚这样一个事实：所有的成功都是通过一步步努力工作和耐心积累才得以实现的，没有付出努力就没有收获。

很久以前，泰国有个叫奈哈松的人，一心想要成为一个富翁。他觉得成为富翁的捷径是学会炼金之术。于是，他把全部的时间、精力和金钱，都用在了炼金术的实验中。不久他花光了全部积蓄，家中变得一贫如洗，三餐都成了问题。妻子无奈，跑到父亲那里诉苦。岳父决定给女婿点儿教训。

岳父让奈哈松前来相见，对他说："我已经掌握了炼金之术，只是现在还缺少一样炼金的东西……"奈哈松急切地想要知道是什么，问道："快告诉我还缺少什么？"岳父回答说："那好吧，我可以让你知道这个秘密。我需要一袋子香蕉叶下的白绒毛。这些绒毛必须出自你亲手栽种的香蕉树。等到收齐绒毛后，我便告

诉你炼金的方法。"说完，随手扔给奈哈松一个布袋子。

按照岳父的话，奈哈松回家后立刻在荒废多年的田地里种上了香蕉。为了尽快凑齐绒毛，他除了种自家的田地外，还开垦了大量的荒地。当香蕉长熟后，他小心地从每片香蕉叶下收集白绒毛。而他的妻子和儿女则抬着一串串香蕉到市场上去出售。就这样，10年过去了，奈哈松终于收集够了一袋子白绒毛。这天，他一脸兴奋地拿着这些白绒毛来到岳父家，向岳父讨要炼金之术。岳父指着院中的一间房子说："你把那边的房门打开看看。"奈哈松打开了那扇门，立即看到满屋金光，里面全是黄金，他的妻子、儿女站在屋中。妻子告诉他，这些金子是他这10年里所种的香蕉换来的。面对着满屋的黄金，奈哈松恍然大悟。

别幻想世上有什么"炼金术"，获得黄金的唯一办法就是踏实努力地工作。然而我们很多人总是抱有幻想，希望自己能在马路上捡到一大摞钞票，希望自己能中大奖，却对成功致富的大道视而不见，这样寻求成功和财富怎么可能成功？

主观上不努力，却一心想获得意外成功的人，就如同守株待兔的农夫一样，只会荒废自己的生命。所以我们要丢掉不劳而获的幻想，别把自己的命运交到"幸运"手里，只有将命运抓在自己手里才能感到安全和真实。

第一章 靠谱，决定你的人生层次和高度

把菜鸟做好，才有望做凤凰

苏轼说："天下者，得之艰难，则失之不易；得之既易，则失之亦然。"这句话告诉我们一个简单的道理，我们想要得到一个东西，就要付出努力去不断争取，这可谓是"失之不易"。否则，空想而不做，或少做，我们就得不到或容易失去。凡事向着自己的选择和目标多努力一点，成功也便近在咫尺了。

对艾伦一生影响深远的一次职务提升是由一件小事情引起的。一个星期六的下午，一位律师（其办公室与艾伦的在同一层楼）走进来问他，哪儿能找到一位速记员来帮忙——他手头有些工作必须当天完成。

艾伦告诉他，公司所有速记员都去看球赛了，如果晚来5分钟，自己也会走。但艾伦表示自己愿意留下来帮助他，因为"球赛随时都可以看，但是工作必须在当天完成"。

做完工作后，律师问艾伦应该付他多少钱。艾伦开玩笑地回答："哦，既然是你的工作，大约1000美元吧。如果是别人的工作，我是不会收取任何费用的。"律师笑了笑，向艾伦表示谢意。

艾伦的回答不过是一个玩笑，并没有真正想得到1000美元。但出乎艾伦意料，那位律师竟然真的这样做了。6个月之后，在艾伦已将此事忘到了九霄云外时，律师却找到了艾伦，交给他1000美元，并且邀请艾伦到自己的事务所工作，薪水比现在高出1000多美元。

艾伦放弃了自己喜欢的球赛，诚心地助人解决问题，不过是举手之劳而已，但是不仅得到了1000美金，还拥有了一份更好的工作。生活中，有时就是这样，我们朝思暮想一件事时，却不一定能实现，而当我们努力去做时，却得到了丰厚的回报。**少要多做，少说多做，就是这样一个简单的道理。**凡事都要抓在手中，放在脑中，只会为自己徒增烦恼。懂得放下，就得到了轻松。我们总是想要去抓住很多东西，但是我们只有两只手，能抓住的东西毕竟是有限的。那些没必要的，理应放下，对本应该抓住的，就要紧紧抓住，努力去实现。

一个老人在池塘里种了一片莲花。莲花盛开的时候，引来众人驻足，啧啧称赞。突然一夜狂风暴雨，第二天池塘里的莲花凋零，留下一片狼藉。围观的人纷纷感叹，无比惋惜。有好心人安慰老人，说："天公不作美，没有体恤你种植的辛苦，你真是太可怜了。"老人却宽心一笑，说："这没什么遗憾，更谈不上可怜，我种莲花是为了体会种植的乐趣，乐趣我早已得到，而莲花的衰败是迟早的事，何必为此感伤呢？"

做人需要几分淡泊，如此才能豁达地面对人生的得失。淡泊，是一种境界，是一种从容不迫的生活态度。有时候现实中的失去或者追求的目标因能力所限而无法达到，并不代表真的没有获得或距离成功很远，只要思想境界到了，结果就是一样的。坦然面对生命中的荣辱、得失、进退，是人最可贵的品格。

美国作家海明威说："只要你不计较得失，人生还有什么问题不能想法子克服？" 得失并没有那么重要，不必总是抓住不放。

成功属于沉得住气的"傻子"们

说到成功,我们常常会把它与聪明、机遇、胆识联系在一起,很少有人认为"傻子"能成功,可事实却是,"傻子"往往比聪明人更容易成功!

所谓"傻",并非是真傻,而是大智若愚,是一种沉得住气、专注、执着的生存状态。"傻子"们貌似呆板木讷,不知变通,其实却是一群有着坚定信念,做事坚韧不拔的人。有道是"世上无难事,只怕有心人",成功属于沉得住气、不懈努力的人。那些投机取巧、三心二意之人,看似精明,就算曾经风光一时,却由于缺乏务实态度和执着精神,而难以在事业上有所建树,充其量,他们只能是小打小闹的投机者。

在《士兵突击》里,许三多是众人眼里的"傻子"——三呆子、土骡子、许木木、吃货、孬兵、死心眼等,都是他的绰号。

他没有史今的温柔,没有伍六一的傲骨,没有高城的顽皮可爱,更别说吴哲、齐桓殷实的家境和袁朗的智慧。他甚至连同乡成才的积极进取都没有。可是,就是这样一个看起来毫无魅力可言的人,深深地感染了电视机前的观众。

"我这俩老乡,一个精得像鬼,一个笨得像猪。"伍六一的这句话把成才和许三多的特点概括得精准到位。看似精明的成才兜里总是揣着三盒烟,如白铁军所说:"你老乡不地道,揣了三盒烟,十块的红塔山是给排长、连长的,五块的红河是给班长、班副的,一块的春城是给我们这些战友的。"

为了自己的前途,成才抛弃了尚在困境中的钢七连,成为钢七连史上唯一的"跳槽者";他赢得了比赛,如愿进入了老A,却被袁朗一眼看透,最终与老A无缘。

相比之下,许三多的质朴、坦诚、认真、老实、善良、执着一次次感动着周围的人,一次次让人们对他刮目相看,一次次证明了"机会永远留给有准备的人"这句话。

许三多是真傻吗?比起那些自以为聪明的人,他确实"傻"得很,他不会投机取巧、溜须拍马、看风使舵、随波逐流,甚至也谈不上深谋远虑,然而他却有着自己的人生信念——为了做那些"有意义的事情",他在困难面前不低头,在孤独面前不退缩,在强敌面前不胆怯,在名利面前不浮躁……

许三多的成功,绝对不是"傻人有傻福"的成功,而是一种世界观和价值观的成功:成功贵在坚持,沉住气,脚踏实地、步步为营。任何成绩的取得、事业的成就,都源于人们不懈的努力、务实、执着的探索追求,而心猿意马、浅尝辄止、投机钻营,则只能拥有昙花一现的虚荣及"竹篮打水"的结果。

从这个意义上说,"傻"是一种深刻并且深奥的成功哲学,"傻"不是低人一等,不是庸庸碌碌,而是一种沉得住气、坚韧不拔的大境界。

首先,"傻"是一种沉住气,掘井及泉的苦干精神。

绝不能指望坐而论道的人干出点像样的活来。真正能够干出事情来的,是像许三多、阿甘那样带点"傻气"的人,他们看似木讷呆板，不知变通，一根筋坚持自己认为有意义的事情，但最终，他们就像龟兔赛跑中的乌龟，反而成功抵达了胜利的终点。所以，认真工作、低调务实是真正的聪明，而那些行动不坚决，只说不做的人才是真正的傻子。

其次，"傻"是一种实事求是的务实精神。

教育家张伯苓认为，"傻子"精神就是诚实、实事求是、坦荡正直，不虚诈掩饰。职场中，很多人都在问：我们工作这么辛苦究竟是为了什么？既然是为别人打工，何必这么投入地工作，不如敷衍了事、得过且过……职场中经常有人这么想，觉得认真工作实在是一种"吃亏"的举动，踏实工作的"老黄牛"却成了人们嘲笑的对象。事实上，认真工作才是真正的明智之举。一个人工作认真、不投机取巧、沉静务实，最大的受益者还是自己。很多时候，我们不是不够"聪明"，而是缺少了一点"傻气"，傻傻坚持，傻傻务实，沉住气，把工作真正做好做到位了，能力提升了，业绩上去了，成功自然也就水到渠成了。

最后，"傻"是坚持不懈的专注精神。

荀子说："积土成山，风雨兴焉；积水成渊，蛟龙生焉；积善成德，而神明自得，圣心备焉。故不积跬步，无以至千里；不积小流，无以成江海。骐骥一跃，不能十步；驽马十驾，功在不舍。"成功是一个不断积累的过程，一个人要想成才，就要具备心无旁骛、锲而不舍的专注精神，如若采取浅尝辄止的态度，就只能获得平庸的结果。

比一般人多做一点，你就是不一般的人

工作当中，有些人喜欢喋喋不休地抱怨自己的工作、自己的上司，甚至自己的顾客，但却似乎从来没有意识到，他们目前的处境在相当程度上是咎由自取。他们的眼光只注意到那些消极的东西，并因此觉得命运总是对自己不公。如果有什么事出了岔子，他们的第一反应是责怪上司或同事，抱怨没有给予自己足够的资源或者没有预先警示变化的发生。

作为一名上班族，应当把公司的事情当成自己的事，无论老板在不在，都应当发挥主动负责的精神，把本职工作做好。这是每一位职场人士都应该遵循的职场规则。

威尔逊上大学的时候在一家著名的IT公司做兼职，由于表现出色，大学毕业后他成为该公司的一名正式员工，并担任技术支持工程师一职。工作两年后，24岁的他被提拔为公司历史上最年轻的中层经理，后来他更因在技术支持部门出色的表现而调去美国总部任高级财务分析师。

初进这家公司，威尔逊只是技术支持中心的一名普通工程师，但他非常想干好这份工作。当时，经理考核他的依据是记录在公司报表系统上的"成绩单"，这份"成绩单"只有到月末才能看到。于是他想：如果可以每天看到"成绩单"的报表，经理岂不是可以更好地调配和督促员工？而员工岂不是可以更快地得到促进和看到进步？与此同时，他还了解到现行的月报表系统有

第一章 靠谱，决定你的人生层次和高度

一些缺陷。当时另外一家分公司的技术支持中心只有三四十人，如果遇到新产品发布等，业务量会突然增大，或若一两个员工请假，就会有很多工作被耽误。

综合考虑了各种因素后，威尔逊觉得自己有必要设计一个有快速反应能力的报表系统。他花了一个周末的时间写了一个具有他所期望的基础功能的报表小程序。一个月后，威尔逊的"业余作品"——基于 Web 内部网页上的报表开始投入使用，并取代了原来从美国照搬过来的 Excel 报表。公司总裁看到了他的潜质，认为他可以从更高的管理角度思考问题。一年以后，总裁给了威尔逊一个升迁机会，让他担任公司亚洲市场的技术支持总监。

威尔逊是在没有任何人要求的情况下主动改进工作的，他的工作给公司工作效率带来巨大提升，创造了骄人的业绩，远远超越了老板的期待。基于此，他在公司中平步青云。

超越老板的期待其实并不难，只要我们多一些主动，多一些敬业，再多一些为企业创造效益的责任感。

现实恰恰相反，很多人认为："公司是老板的，我只是替别人工作，工作得再多、再出色，得到好处的是老板，于我何益？"有这种想法的人很容易被动工作，天天按部就班地工作，缺乏活力，有的甚至趁老板不在没完没了地打私人电话或无所事事地遐想。这种想法和做法无异于在浪费自己的生命和自毁前程。

钢铁大王卡内基说："**有两种人永远都会一事无成，一种是除非别人要他去做，否则绝不主动做事的人；另一种则是即使别人要他做，也做不好事情的人。那些不需要别人催促，就会主动去**

靠谱：成为一个可信赖的人

做应该做的事，而且不会半途而废的人必将成功，这种人懂得要求自己多付出一点点，而且比别人预期的还要多。"

未来是用来打造的，而不是空想

成功人士都会谨记工作期限，并清晰地明白，在所有人的心中，最理想的任务完成日期是——昨天。

这一看似荒谬的要求，是保持恒久竞争力不可或缺的因素，也是唯一不会过时的东西。一个总能在"昨天"完成工作的人，永远是成功的。

有这样一则故事：

某段时间，下地狱的人锐减，阎罗王紧急召集群鬼，商讨如何诱人下地狱。

群鬼各抒己见。

牛头提议说："告诉人类，丢弃良心吧！根本就没有天堂！"阎王考虑一会儿，摇摇头。

马面提议说："告诉人类，为所欲为吧！根本就没有地狱！"阎王想了想，还是摇摇头。

过了一会儿，一个小鬼说："对人类说，还有明天！"阎王终于点了点头。

也许没有几个人会想到，可以把一个人引向失败的竟然是"还有明天"。

第一章　靠谱，决定你的人生层次和高度

一个连今天都放弃的人，哪有能力和资格去说"还有明天"？所以古人说，今日事今日毕。人要学会的不是去设想还有明天，而是将今天抓在手里，将现在作为行动的起点。这样做的时候，你就真正有了明天。可惜许多人到老了才明白这一点。

今天该做的事拖到明天完成，现在该打的电话等到一两个小时后才打，这个月该完成的报表拖到下个月，这个季度该达到的进度要等到下一个季度……不知道喜欢拖延的人哪儿来的这么多的借口：工作太无聊、太辛苦，工作环境不好，老板脑筋有问题，完成期限太紧，等等。这样的员工肯定是不努力的员工；至少，是没有良好工作态度的员工。他们找出种种借口来混日子，来欺骗管理者，他们是不负责任的人。

凡事留待明天处理的行为就是拖延，这是一种很坏的工作习惯。每当要付出劳动时，或要做出抉择时，总会为自己找出一些借口来安慰自己，总想让自己轻松些、舒服些。奇怪的是，这些经常喊累的拖延者，却可以在健身房、酒吧或购物中心流连数个小时而毫无倦意。但是，看看他们上班的模样！你是否常听他们说："天啊，真希望明天不用上班。"

拖延是行动的死敌，也是成功的死敌。拖延使我们所有的美好理想变成空想，拖延令我们丢失今天而永远生活在对"明天"的等待之中，拖延的恶性循环使我们养成懒惰的习性、犹豫矛盾的心态，成为一个只知抱怨叹息的落伍者、失败者。

比尔·盖茨说："**我发现，如果我要完成一件事情，我得立刻动手去做，空谈无济于事！**"这句话放之四海而皆准。

把"平凡"化成"非凡"的是持续的力量

看起来平凡的、琐碎麻烦的工作,也要能以坚韧不拔的意志、坚持不懈的努力去做,这股持续的力量才是真正的能力,是事业成功的垫脚石,足以体现人生的价值。

有一位大学刚毕业的小伙子,在一家普通的公司工作。新员工都是从基层开始做起。很多大学毕业生都在抱怨:这么没有技术含量的工作为什么要我们来做?而这位年轻人却二话没说,每天都认真地去完成自己的分内工作,以及每一件领导交代给他的额外任务,而且在空闲之余还主动帮助其他同事做一些工作。

他的心态良好,没有厌倦工作,反而把事情做得有条不紊。他还是个有心人,他把自己的工作详细地记录下来,一遇到自己搞不定的麻烦,就虚心地去请教老员工。由于他平时经常帮助别人,在他需要帮忙时大家也乐意帮他。

一年后,他被提拔做了主管;过了两年,他已经是部门的经理了。而和他一起进公司的其他大学生,却还在最底层原地不动,每天抱怨不止。

每个人生来都是凡人,是凡人就得做平凡的事情,就职于平凡的岗位,从事着平凡的工作。怨天尤人是对自己的不负责,为自己的懒惰找借口。那些靠自己改变命运的人只是普通人,他们与常人不同的是,他们在平凡的工作中付出了巨大的努力,倾注了全部的热情,忍受了挫折。

第一章 靠谱，决定你的人生层次和高度

奥普浴霸的创始人方杰，像一个传奇般的人物。大家觉得他所取得的一切成就似乎都轻而易举，他的事业好像是一蹴而就的。

其实不然，方杰在澳大利亚留学的时候，就有一种学习的意识，他选择到"LIGHTUP"打工，那是澳大利亚最大的灯具公司。当时的他还是个毛头小子，根本不懂什么叫商业谈判。方杰当时的老板是个生意谈判场上的高手，一有机会与老板一起进行商业谈判，他便用口袋里的微型录音机把谈判过程录下来。回家后，他一字一句反复地听，揣摩、学习老板分析问题的方法、对方提问的角度，以及老板巧妙的回复。

就这样，几年后方杰脱胎换骨，俨然成为一个商场谈判的高手。老板退休后，由方杰接替他的工作。1996年，方杰几乎成了在澳大利亚身价排名榜首的职业经理人。再后来，他回国创业，打响了奥普浴霸的品牌。方杰并不是一个做生意的天才，他的非凡才能是通过他自己持续的努力获得的。

没有哪个成功者在智力上有极为出类拔萃之处，但是他们有一个共同之处，就是看上去毫不起眼，只是认认真真、孜孜不倦地努力。他们不骄不躁、踏实认真，持续的力量赋予他们超人般的能力。

想要什么样的生活，就要站在什么样的高度

一个人的心态在某种程度上取决于自己对自己的评价，这种评价有一个通俗的名词——定位。在心中你给自己定位什么，你就是什么，因为定位能决定人生，定位能改变人生。

条条大路通罗马，但你只能选择一条。人生亦如此，成功的路有很多条，但你需要做的是选择最适合自己的那一条路，然后坚定不移地走下去。

你可以长时间工作、创意十足、聪明睿智、才华横溢、屡有洞见，甚至好运连连，可是，如果你无法给自己正确定位，不知道自己的方向是什么，一切都会徒劳无功。

所以说，你给自己的定位是什么，你就是什么，定位能改变你的人生。

福特汽车公司的建立者亨利·福特从小就在头脑中构想能够在路上行走的机器，用来代替牲口和人力，而全家人都要他在农场做助手，但福特坚信自己可以成为一名机械师。

他用一年的时间完成了别人要三年才能完成的机械师培训，随后他花两年多时间研究蒸汽机，但没有成功。随后他投入到汽油机研究上来，每天都梦想制造一部汽车。他的创意被发明家爱迪生所赏识，邀请他到底特律公司担任工程师。经过十年努力，他成功地制造了第一部汽车引擎。福特的成功，归功于他的正确定位和不懈努力。

第一章　靠谱，决定你的人生层次和高度

迈克尔在从商以前，是一家酒店的服务生，替客人搬行李、擦车。

有一天，一辆劳斯莱斯轿车停在酒店门口，车主吩咐道："把车洗洗。"迈克尔那时刚中学毕业，从未见过这么漂亮的车子，不免有几分惊喜。他边洗边欣赏这辆车，擦完后，忍不住拉开车门，想上去坐坐。这时，正巧领班走了出来。"你在干什么？"领班训斥道，"你不知道自己的身份和地位吗？你这种人一辈子都不配坐劳斯莱斯！"迈克尔从此发誓："我不但要坐上劳斯莱斯，还要拥有自己的劳斯莱斯！"这成了他人生的奋斗目标。多年以后，当迈克尔事业有成时，为自己买了一辆劳斯莱斯轿车。如果迈克尔也像领班一样认定自己的命运，那么，也许他就会一直替人擦车、搬行李，最多做一个领班。人生的目标对一个人是何等重要！

现实中，总有这样一些人：他们或者受宿命论的影响，凡事听天由命；或者性格懦弱，习惯依赖他人；或因责任心太差，不敢承担责任；或者惰性太强，好逸恶劳；或者缺乏理想，混日为生……总之，他们做事低调，遇事逃避，不敢为人之先，不敢转变思路，而被一种消极心态所支配，甚至走向极端。

也许，成功的含义对每个人都有所不同，但无论你怎样看待成功，你必须有自己的定位。

第二章 做人靠谱，就是最高的情商

靠谱：成为一个可信赖的人

成熟稳重的人更容易获得他人的追随

一个优秀的、拥有强大影响力的人，一定是一个成熟稳重的人。稳重是褪去稚气后的成熟，稳重的人办事的时候有着严谨认真的态度，踏踏实实、不浮不躁。成熟、做事沉稳的人，在工作和生活中更容易得到重用，一展自己的才华。这是因为稳重的人更容易得到别人的信任。

三国时期，诸葛亮便是一个稳重的人。翻开《三国演义》，我们不难发现，诸葛亮从来都不打没有准备的仗，也从来不过早地妄下结论。他做任何事情、任何决定，都是经过深思熟虑，并对当时的形势有一定的了解和掌握后才开始进行行动的。稳重的性格也让他事必躬亲，而且善始善终。这也难怪刘备放心将军中大小事务都交给诸葛亮治理，而且在他弥留之际将儿子刘禅与蜀汉也一并托付于诸葛亮。正是诸葛亮的稳重让刘备对他做事十分放心，并完全信任他。

可见，性格稳重的人往往能获取别人的信任，甚至担负起别人的重托，这样的人也更容易得到他人的追随。

稳重是理性的沉淀，生活需要稳重。但有的时候，我们觉得稳重很难把握，掌握不好就会变成默默无闻。那么，如何培养自己稳重的性格呢？

1. 给心灵一个沉淀的机会。 生活中的烦心琐事就如同水中的灰尘，慢慢地，静静地，它们就会沉淀下来。

2. 保持冷静，从容镇定。 生活中，总会有许多让人着急的事情使人手忙脚乱，结果却越急越糟糕。所以，我们要保持冷静，戒除急躁。无论何时，保持冷静、从容镇定都能使我们更好地洞悉局面，从而做出正确选择。

3. 培养宠辱不惊的心态。 洪应明著的《菜根谭》中有这样一句名言："宠辱不惊闲看庭前花开花落，去留无意漫随天外云卷云舒。"人口学家马寅初曾将这句名言书于自己的书房，以润泽自己的心灵，这也是他对任何事情都宠辱不惊的心态的写照。我们也应培养宠辱不惊的心态，从容镇静。

4. 俯视人生。 俯视，可以让我们看透生活的琐碎、人生的匆忙、世事的变化。俯视，也可以让我们的性情变得稳重。

5. 给烦躁的心情一些转变的时间。 当我们遇到烦恼的事情，不免焦虑不安，心急气躁，这时给心灵一个转变的时间，才能让自己渐渐地摆脱困扰，镇静下来，达到心如止水的境界。

6. 学会独处。 独处，可以让疲惫的身心得到休息；独处，可以解脱自己。学会独处，有利于培养我们的稳重性格。

如果你有心成为一个稳重的人，又在行动上积极往"稳重"靠拢，自然就会变成一个成熟、理性的人；有了让他人信任的稳重气质，你的影响力会渐渐提升，找你帮忙办事的人会多起来，

靠谱：成为一个可信赖的人

愿意追随你的人也会越来越多。

忠诚比能力更重要

忠诚，是一种真心待人，忠于人、勤于事的奉献情操，它是发自内心的，包含着付出、责任，甚至牺牲精神。当一个人失掉忠诚时，连同一起失去的还有一个人的影响力、尊严、诚信、荣誉、人脉以及前程。

克里丹·斯特是美国一家电子公司很出名的工程师。这家电子公司只是一个小公司，时刻面临着规模较大的比利孚电子公司的竞争压力，处境很艰难。

有一天，比利孚电子公司技术部经理邀请斯特共进晚餐。在餐桌上，这位经理对斯特说："把你们公司里最新产品的数据资料给我，我会给你很好的回报，怎么样？"

一向温和的斯特愤怒了："不要再说了！我的公司虽然效益不好，处境艰难，但我绝不会出卖我的良心做这种见不得人的事，我不会答应你的任何要求。"

"好，好，好。"这位经理不但没生气，反而颇为欣赏地拍拍斯特的肩膀，"这事儿就当我没说过。来，干杯！"

不久，发生了令斯特很难过的事，他所在的公司因经营不善破产了。斯特失业了，一时很难找到工作，只好在家里等待机会。没过几天，他突然接到比利孚电子公司总裁的电话，让他去

第二章 做人靠谱，就是最高的情商

一趟总裁办公室。

斯特百思不得其解，不知"老对手"公司找他有什么事。他疑惑地来到比利孚电子公司，出乎意料的是，比利孚电子公司总裁热情地接待了他，并且拿出一张非常正规的大红聘书——请斯特来比利孚做技术部经理。

斯特惊呆了，问总裁："你为什么这样相信我？"

总裁哈哈一笑说："原来的技术部经理退休了，他向我特别推荐了你。小伙子，你的技术水平是出了名的，你的正直更让我佩服，你是值得我信任的那种人！"

斯特一下子醒悟过来。后来，他凭着自己的技术和管理水平，成了一流的职业经理人。

一个不为诱惑所动、经得住考验的人，不仅不会失去机会，反倒会赢得更多的机会。他还能赢得别人对他的尊重、对他的青睐，正如例子中的斯特一样。

莎士比亚说："忠诚你的所爱，你就会得到忠诚的爱。"

付出总有回报，忠诚于别人的同时，你也会获得别人对你的忠诚。忠诚的人容易获得别人的信任和支持，也值得别人对他委以重任，因此忠诚的人更容易获得提升自己影响力的机会。

谦虚做人，才会让人觉得更靠谱

哲学家卡莱尔说："人生最大的缺点，就是茫然不知自己还有缺点。"因为大多数人只知道自我陶醉，一副自以为是、唯我独尊的态度，殊不知，这种态度会遭到多数人的排斥，使自己处于不利地位。

道家学派创始人老子用"水"来叙述处事的哲学：**"上善若水，水善利万物而不争。"**意思是说，善良的人，就好比水一样，水总是利于万物的，而且水最不善争。它与天道一样恩泽万物，所以水没有形状，在圆形的器皿中，它是圆形；放入方形的容器，则是方形。它可以是液体，也可以是气体、固体。这正是我们要学习的"谦逊"。

在人际交往中，保持谦逊的人，会得到大家的喜欢，这样你就可能有和他人相互学习的机会。因为**谦逊使我们相互之间敞开心扉，并使我们能够从他人的角度看待事物；谦逊让我们可以坦诚地与他人交换意见；让我们可以避免傲慢与褊狭，让我们更受他人喜欢，更具影响力。**

谦逊是一个人建功立业的前提和基础。不论你从事何种职业，担任什么职务，只有谦虚谨慎，才能保持不断进取的精神，才能增长更多的知识和才干。因为谦虚谨慎的品格能够帮助你看到自己的差距，能让你冷静地倾听他人的意见和批评。

肖恩是刚毕业的大学生，面貌英俊，热情开朗。他决定找一份与人交往的工作，以发挥自己的长处。很快，他就得到一个好机会——一家五星级宾馆正在招聘前台工作人员。

肖恩决定去试试，于是他去了那家宾馆。主持面试的经理接待了他。看得出来，经理对肖恩英俊的外表和富有感染力的热情相当满意。经理拿定主意，只要肖恩符合这项工作的几个关键指标，他就留下这个小伙子。

经理对肖恩开门见山地说："我们宾馆经常接待外宾，所有前台人员必须会说四国语言，这一指标你能达到吗？"

"我大学学的是外语，精通法语、德语、日语和阿拉伯语。我的外语成绩是相当优秀的，有时我提出的问题，老师都答不上来。"肖恩回答说。事实上，肖恩的外语成绩并不突出，他是为了获取经理的信赖，才标榜自己的。但显然，他低估了经理的智商。事实上，在肖恩提交自己的求职简历时，公司已经收集了有关的信息，其中包括肖恩的大学成绩单。

听了肖恩的回答，经理笑了一下，但明显不是赏识的笑容。接着他问道："做一名合格的前台人员，需要多方面的知识和能力，你……"经理的话还没说完，肖恩就抢先说："我想我是不成问题的。我的接受能力和反应能力在我所认识的人中是最快的，做前台绝对会很出色的。"

听完他的回答，经理站了起来，严肃地对他说："对于你今天的表现，我感到很遗憾，因为你没能实事求是地说明自己的能力。你的外语成绩并不优秀，平均成绩只有60分，而且法语还连续两个学期不及格；你的反应能力也很平庸，几次班上的活动你都险些出丑。年轻人，在你夸夸其谈时，最好给自己一个警告。因为每夸夸其谈一次，诚实和谦逊都要被减去10分。"

在生活中，像肖恩这样的人并不少见。很多人只知吹嘘自己曾经取得的辉煌，夸耀自己的能力学识，以为这样可以博得别人的好感和赞扬，赢得他人的信任。但事实上，他们越吹嘘自己，越会被人讨厌；越夸耀自己的能力，越被人怀疑。

谦逊基于力量，高傲基于无能。夸耀自己和自我表扬并不会为我们赢得好的机会，反而会断送了我们的前程。因为一个喜欢标榜自己的人，往往会失去朋友——没有人喜欢和一个喜欢自我标榜的人在一起；失去他人的信任——别人不但会对你的能力产生怀疑，更严重的是你的品德也会遭人批评。而一个没有好人缘、不受他人信任的人是永远也不会与成功邂逅的。

作家契诃夫说："人应该谦虚，不要让自己的名字像水塘上的气泡那样一闪就过去了。"如果你认为自己拥有广博的知识、高超的技能、卓越的智慧，却没有谦虚镶边，你不可能获得他人的喜欢与追随，更不可能取得灿烂夺目的成就。

诚信是赢得信任的基石

诚信就是诚实守信，用更通俗的话说，诚信就是实在，不虚假。诚信是一个人的美德，有了"诚信"二字，一个人就会表现出坦荡从容的气度，焕发出人格的光彩。自古以来，诚实守信就是一种永恒的人性之美。可以说,诚信的品格是获得成功人生的第一要素,历来被伟人们尊崇。诚实守信不仅是一种美德、一种吸引人的影响力,而且是构筑和拓展人脉的基本要求。试想,如果一个人经常出尔反尔,你还愿意跟他交往吗?

钢铁大王卡内基说:"世界上很少有伟大的企业,如果有,那就一定是建立在最严格的诚信标准之上的。"

20年前,弗朗西斯开了一家小印刷厂。今天,弗朗西斯已经非常富有,并且有一个美满的家庭,还拥有一家很大的印刷公司。他之所以在同行间受敬重,最重要的一点是他恪守诚信。

一个星期天的下午,他跟朋友一起去钓鱼,当友人问起他的成功之道时,弗朗西斯很谦虚地说:"我生长在一个很保守的家庭,每个礼拜天全家都要去做礼拜,然后回家吃饭,听父亲为我们解说《圣经》上的故事。

"父亲很通俗地为我们讲解牧师所说的每一个道理,用生活中的很多实例来说明,为什么偷窃和说谎是不道德的。从父亲的谈话中可以看出,父亲非常强调守信用的重要性。言行要一致,是父亲最常说的话。

"我上大学时家境不好,所以就到一家印刷厂去打杂,从清扫房间到送货,什么事都干过。4年的大学生活,我都是在半工半读的情况下度过的。毕业时,我决定开一家印刷厂,当时我积攒的2000美元足够我开业。从创业初期,我就一直遵循父亲给予我的教诲。我将父亲的话应用到实际生活中,对每位顾客都坚守信用——这是忠诚于他们的最根本的方式。

靠谱：成为一个可信赖的人

"如果成品不够精美，我就免费重做一次（直至今日，弗朗西斯还信守这个原则）。此外，我交货也很准时，即使有时连续两三天没睡，我还是信守承诺。就这样，我开始赚钱了，并在3年后拓展了我的事业，使我有能力购置更大的厂房和先进的设备。但就在这时，我遇到了考验。有一个周末，一场大火让我的厂子化为灰烬。保险公司只负责一半的损失，此时我负债累累。我的律师、会计师都劝我宣告破产，但我没有这样做，因为我要勇敢地面对我的问题。那时实在是不容易，但我还是偿清了所欠的债务，并且重新开始。由于我的信守承诺，赢得了所有债权人和厂商的信赖。

"他们简直不敢相信，我真的偿还了所有债务。从那次火灾以后，我的事业一帆风顺。过去5年间，我的业务增长率是25%左右。言归正传，你问我的成功之道是什么，我的回答是：信守承诺。如果没有父亲昔日的教诲，我是不会有今天的。"

李嘉诚说："做事先做人，一个人无论成就多大的事业，人品永远是第一位的，而人品的要素就是诚信。"因为诚信是一种长期投资，唯有长期遵守诚信的原则，才能建立和维护你的信誉、品牌和忠诚度，也才有可能得到持续的成功。

很多人把信誉看得非常重要，视它为自己成功必不可少的一个因素，这是正确的。不讲求信誉，不仅会给别人造成损失，同时也会使你失去很多东西，使人们逐渐远离你。

有的人在人际交往过程中，凭借一两次蒙骗而使自己的阴谋得逞，但这种伎俩绝对不可能长远，迟早有一天会被人发现。如果你是一个不讲信誉的人,只要有一个人知道,用不了多长时间,所有的人就都会知道,正所谓"好事不出门,坏事传千里"。那时候,你就把自己逼入了一个非常难堪的境地,无论你走到哪里,四面八方都会是厚厚的一堵墙。

用诚挚的关切获得别人的喜欢

每个人都希望被人喜欢和欣赏,这是人们内心深处的一种渴望。人最强烈的一种欲望就是得到大家的喜爱,只有处处受欢迎才能最大化你的影响力,那么,如何才能学会这种技巧呢?

如果你要别人喜欢你,请对别人表现出诚挚的关切。这是西奥多·罗斯福受人欢迎的秘密之一,甚至他的仆人都喜爱他。他的那位黑人男仆詹姆斯·亚默斯,写了一本关于他的书,取名为《西奥多·罗斯福——他仆人的英雄》。

在那本书中,亚默斯讲述了一个个富有启发性的事件。

有一次,我太太问罗斯福关于一只鹑鸟的事。她从没有见过鹑鸟,于是他详细地描述了一番。

没多久之后,我们小屋的电话铃响了。我太太拿起电话,原来是罗斯福。他说,他打电话给她,是要告诉她,她窗口外面正好有一只鹑鸟,又说如果她往外看的话,可能看得到。

他时常做出类似的小事。每次他经过我们的小屋,即使他看不到我们,我们也会听到他轻声叫出"呜,呜,呜,安妮"或

靠谱：成为一个可信赖的人

"呜，呜，呜，詹姆斯"。这是他经过时一种友善的招呼。

有一天，卸任后的罗斯福到白宫去拜访，碰巧总统和他太太不在。他真诚喜欢卑微身份者的情形全表现出来了，因为他向白宫所有的仆人打招呼，并一一叫出他们的名字，甚至厨房的小妹也不例外。

"当他见到厨房的亚丽丝时，"亚默斯写道，"就问她是否还烘制玉米面包，亚丽丝回答说，她有时会为仆人烘制一些，但是楼上的人都不吃。'他们的口味太差了，'罗斯福有些不平地说，'等我见到总统的时候，我会这样告诉他。'亚丽丝端出一块玉米面包给他，他一面走向办公室，一面吃着面包，同时在经过园丁和工人的身旁时，还跟他们打招呼……他对待每一个人，就同以前一样。他们仍然彼此低语讨论这件事，而艾克胡福眼中含着泪说：'这是将近两年来我们唯一有过的快乐日子，我们中的任何人都不愿意把这个日子跟一张百元大钞交换。'"

奥地利心理学家阿尔弗雷德·阿得勒写过一本书，书名叫《生活的科学》。在那本书里，他说："一个不关心别人、对别人不感兴趣的人，他的生活必然遭受重大的阻碍和困难，同时会给别人带来极大的损害与困扰。所有人类的失败，都是由于这些人才发生的。"一个只会关心自己的人，永远也不会成为被别人喜欢的人。要成为受人敬重的人，必须将你的注意力从自己的身上转到别人的身上去。

伍布奇先生是一家公司的总裁、著名的销售专家，当人们问到一个成功的销售员该具备哪些基本条件时，伍布奇先生脱口而出:"当然是喜欢别人。还有,一个人必须了解自己公司的产品而且对产品有信心,工作要勤奋,善于运用积极思想。但是,**最重要的是他一定要喜欢他人**。"

受人欢迎是销售员素质的某种表现形式,因为从某种程度上讲,你在推销产品的同时,也在推销自己。当一个人可以真心地喜欢他人时,他一定会招人喜欢。

有亲和力的人更受欢迎

吸引力就是一种亲和力,它能唤起人们的热爱之情,并使人们愿意与之交往。

林肯,这位美国历史上最伟大的总统之一,他的品行已成为后世的楷模,他是一位以亲切、宽容、悲天悯人著称的杰出领袖。而这一切成就,都与他的亲和力密不可分。

在林肯的故居,挂着他的两张画像,一张有胡子,一张没有胡子。在画像旁边的墙上贴着一张纸,上面歪歪扭扭地写着:

亲爱的先生:

我是一个11岁的小女孩,非常希望您能当选美国总统,因此当我给您这样一位伟人写下这封信,请您不要感到惊奇。

如果您有一个和我一样的女儿,就请您代我向她问好。

靠谱：成为一个可信赖的人

要是您不能给我回信，就请她给我写吧。我有4个哥哥，他们中有两人已决定投您的票。如果您能把胡子留起来，我就能让另外两个哥哥也选您。您的脸太瘦了，如果留起胡子就会更好看。所有女人都喜欢胡子，那时她们也会让她们的丈夫投您的票。这样，您一定会当选总统。

格雷西
1860年10月15日

在收到格雷西的信后，林肯立即回了一封信。

我亲爱的小妹妹：

收到你15日的来信，非常高兴。我很难过，因为我没有女儿。我有3个儿子，一个17岁，一个9岁，一个7岁。我的家庭就是由他们和他们的妈妈组成的。关于胡子，我从来没有留过，如果我从现在起留胡子，你认为人们会不会觉得有点可笑？

亚伯拉罕·林肯

1861年2月，当选总统的林肯在前往白宫就职途中，特地在小女孩住的小城韦斯特菲尔德的车站停了下来。他对欢迎的人群说："这里有我的一个小朋友，我的胡子就是为她留的。如果她在这儿，我要和她谈谈。她叫格雷西。"这时，格雷西跑到林肯面前，林肯把她抱了起来，亲吻她的面颊。格雷西高兴地抚摸他又浓又密的胡子。林肯笑着对她说："你看，我让它为你长出来了。"

这就是林肯的亲和力。亲和力这个独特的气场向人们散发着吸引力,让人萌发亲近的愿望,亲和力使得即使是陌生人也会"一见如故"。人们总是喜爱与谦和、温良的人交往。

如何具有亲和力?这是人们所共求的一个目标。对此,千言万语都指向一个关键,那就是**对别人要有发自内心的兴趣**。

有主见有坚持,靠谱的人内心坚定

独立是一个人在社会上生存下去的重要能力,只有自立的人才能被别人尊重,才能吸引别人与自己相处,才能提升自己的影响力。缺乏独立自主个性和自立能力的人,连自己都管不了,何谈让别人依赖你、离不开你、与你交往吗?

必须始终保持自己的独立性,这样别人就会永远需要你。别人对你的依赖性越大,你的自由空间也就越大。

性格的独立性,是针对人们在智力活动和实际活动中独立自主地发现问题和解决问题的水平而言的。具有独立性格的人,遇事总喜欢自己动手、自己思考,能够标新立异,创造性解决问题,对传统的习惯、陈腐的观念采取怀疑和批判的态度;而具有依赖性的人,则总是循规蹈矩,人云亦云,缺乏主见。在性格品质体系中,对创新影响力最大的,便是独立性。

培养独立性,其实就是**"自己能做的事自己做"**和**"独立思考"**。有许多人并不真正了解自己能做什么,对于自身的潜能一无所知。于是，在困难面前不知所措，要么畏缩不前，要么寻求"外援"。克服依赖性，培养独立性至关重要。

你应该从身边小事做起，磨炼自己的意志。**在生活中要求自己独立处理日常事务，安排好自己的生活；勇于尝试，发掘自身的潜能；制订计划，每周做几件以前想做但由于各种原因而没有做的事，如骑车郊游等；定期反思自己，学会独立思考。**一段时间的忙碌之后，静下心来，审视自己近期的言行，参照过去加以评判，考虑一下今后一段时间的生活；逐步决定自己的事，检查培养效果。慢慢学会独立处理与自己关系重大的事，并以自己日常生活中处理问题的能力来评判独立性发展的状况。

培养独立性的实质在于，从日常生活中的点滴小事磨炼独立思考的能力，而不是随大流，盲目地跟着别人走。但是，提倡独立性并不否定生活、工作中的合作精神；相反，我们应充分利用集体的力量。"三个臭皮匠，顶个诸葛亮"，只有更好地借鉴他人的经验，我们才有可能取得更好的成绩。

自尊的人更让人折服

在法国18世纪启蒙思想家卢梭的一篇演讲词中，他激情有力地诠释了自尊的力量。他说："自尊是一件宝贵的工具，是驱动一个人不断向上发展的原动力。它将全然地激励一个人体面地去追求赞美、声誉，创造成就，把他带向他人生的最高点。"

第二章 做人靠谱，就是最高的情商

尊严是一个人灵魂的骨架，一个人一旦失去了尊严，他所剩下的就只是一副躯壳了。现实生活中，我们渐渐地磨掉了个性的棱角，学会了世故和圆滑。太多的时候，是我们自己轻易丢掉了自己的尊严。而有尊严的人，会有一股让他人肃然起敬的气场，让大家不知不觉地敬佩他，聚集到他的身边。

某保险公司业务骨干小瑞回忆起她的成功经历时说，她所卖出的数额最大的一张保单不是在她经验丰富后，也不是在觥筹交错中谈成的，而是在她第一次出门推销的时候。

星际电子是当地最大的一家合资电子企业，小瑞对这样的企业有些敬畏，不太敢进去，毕竟那是她第一次推销。犹豫很久之后她还是进去了，整个楼层只有外方经理在。

"你找谁？"他的声音很冷漠。

"是这样的，我是保险公司的业务员，这是我的名片。"小瑞双手递上名片，并没有抱多大的希望。

"推销保险？今天你已经是第10个了，谢谢你，或许我会考虑，但现在我很忙。"外方经理的声音很平淡。

小瑞本来也不指望那天能卖出保险，所以毫不犹豫地说了声"对不起"就离开了。如果不是她走到楼梯拐角处下意识地回了一下头，或许她就这么走了，以后也不会有任何事情发生。

小瑞回了一下头，看到自己的名片被外方经理一撕就扔进了废纸篓，小瑞感到非常气愤。于是她转身回去，用英语对外方经理说："先生，对不起，如果您不考虑现在买保险的话，请问我可不可以要回我的名片？"

靠谱: 成为一个可信赖的人

外方经理微微一愣,旋即平静了下来,耸耸肩问她:"为什么?"

"没有特别的原因,上面印有我的名字和职业,我想要回来。"

"对不起,小姐,你的名片让我不小心洒上墨水了,可能没办法还给你了。"

"如果真的洒上墨水,也请你还给我好吗?"小瑞看了一眼废纸篓。

过了一会儿,外方经理仿佛有了好主意:"好吧,这样吧,请问你们印一张名片的费用是多少?"

"5角。"小瑞有些奇怪地回答。

"好的。"他拿出钱夹,在里面找了片刻,抽出一张1元的纸币说:"小姐,真的很对不起,我没有5角零钱,这是我赔偿你名片的,可以吗?"

小瑞想夺过那1元钱,撕个稀烂,告诉他自己不稀罕他的破钱,告诉他尽管自己是做保险推销的,可也是有尊严的。但是她忍住了。

她礼貌地接过1元钱,然后从包里抽出一张名片递给了他:"先生,很对不起,我也没有5角的零钱,这张名片算我找给你的钱。请您看清我的职业和我的名字,这不是一个适合进废纸篓的职业,也不是一个应该进废纸篓的名字。"

说完这些,小瑞头也不回地转身走了。

没想到第二天,小瑞就接到了外方经理的电话,约她去他办公室。

小瑞几乎是趾高气扬地走进去的，打算再次和他理论一番。但是他告诉小瑞的是，他打算从她这里为全体职工购买保险。

所谓"士可杀不可辱"，尊严问题是个原则性问题，人格健全的人绝不容许别人侵犯自己的尊严。遇到这种情况，我们要毫不犹豫地选择维护尊严，就像例子中的小瑞一样。这种自尊能给对方一股强大的气场，使对方也不得不表现出尊敬。

自尊的人别人才尊敬，才愿意与你平等地交往，而卑躬屈膝的人，不但不能赢得对方的尊敬，别人也会看不起他。

热情让你的魅力深入人心

位于台中的永丰栈牙医诊所，是一家宣称"看牙可以很快乐"的诊所，院长吕晓鸣医师说："看牙医一定是痛苦的吗？我与我的创业伙伴想开一个让每一个人快乐、满足的牙医诊所。"这样的态度加上细心考虑患者真正的需求，让永丰栈牙医诊所和一般牙医诊所很不一样。

当顾客一进门时，迎面而来的是30平方米左右的宽敞舒适的等待区。看牙前，可以坐在沙发上，在轻柔的音乐声中，先喝上一杯香浓的咖啡。

进入看牙过程，可以感受到硬件设计的贴心：每个会诊间宽畅明亮，一律设有空气清洁机。漱口水是经过逆渗透处理的纯

靠谱：成为一个可信赖的人

水,只要是第一次挂号看牙,诊所一定会替患者拍下口腔牙齿的全景X光片,最后免费洗牙加上氟。如果是一家人一起来看牙,甚至有一间供全家一起看牙的特别诊室。在服务方面,患者一漱口,女助理立即体贴地为患者擦干嘴角。拔牙或手术后,当天晚上,医生或女助理一定会打电话到患者家里,关心病人的状况。一位残障人士陈国仓到永丰栈牙医诊所拔牙,晚上回家正在洗澡,听到电话铃响,艰难地挪到客厅接电话。听到是永丰栈关心的来电,他感动得热泪盈眶,说:"这辈子我总被人忽视,从来没有人这样关心过我。"

从一开始就想提供令就诊者感动的服务,吕晓鸣热情洋溢的态度赢得了市场,也增强了竞争力,在同一行业中没有谁能比得上他们的影响力。

可能很多人都觉得市场经济是冷冰冰的,没有什么人情可言,所以很多人在经济追逐中感受不到温暖,只会觉得恐慌。但是我们的心态是可以调整的,我们的态度是可以改变的。保持一颗热情的心,你就会像一只火炬,温暖着身边的每一个人。

第三章

做事靠谱，就是最大的能力

靠谱：成为一个可信赖的人

做高价值区的事，是成功的关键

伯利恒钢铁公司总裁理查斯·舒瓦普，为自己和公司的低效率而忧虑，于是去找效率专家艾维·李寻求帮助，希望艾维·李能卖给他一套思维方法，告诉他如何在较短的时间里完成更多的工作。

艾维·李说："好！我10分钟就可以教你一套至少能提高50%效率的方法。"

"把你明天必须要做的最重要的工作记下来，按重要程度编上号码。最重要的排在首位，以此类推。早上一上班，马上从第一项工作做起，一直做到完成为止。然后用同样的方法对待第二项工作、第三项工作……直到你下班为止。即使你花了一整天的时间才完成了第一项工作，也没关系。只要它是最重要的工作，就坚持做下去。每一天都要这样做。在你对这种方法的价值深信不疑之后，叫你公司的人也这样做。"

"这套方法你愿意试多久就试多久，然后给我寄张支票，并填上你认为合适的数字。"

舒瓦普认为这个思维方式很有用，不久就填了一张25000美元的支票给艾维·李。舒瓦普后来坚持使用艾维·李教给他的那套方法，5年后，伯利恒钢铁公司从一个鲜为人知的小钢铁厂一跃成为最大的不需要外援的钢铁生产企业。舒瓦普常对朋友说："我和整个团队坚持拣最重要的事情先做，我认为这是我的公司多年来最有价值的一笔投资！"

从最重要的事开始做起，而不是最紧急的事。我们必须让这个重要的观念成为一种习惯，每当一项新任务开始时，都必须首先让自己明白什么是我们应该花最大精力去重点做的事。

分清什么是最重要的事并不是一件易事，我们常犯的一个错误是把紧迫的事情当作最重要的事情。

紧迫只是意味着必须立即处理，比如电话铃响了，尽管你正忙得焦头烂额，也不得不放下手边的工作去接听。紧迫的事通常是显而易见的，它们会给我们造成压力，逼迫我们马上采取行动。但它们往往是令人愉快的、容易完成的、有意思的，却不一定是很重要的。

重要的事情通常是与目标有密切关联的，并且会对你的使命、价值观、优先的目标有帮助的事。有5个标准可以参照：

第一，完成这些任务可使我更接近自己的主要目标(年度目标、月目标、周目标、日目标)。

第二，完成这些任务有助于我为实现组织、部门、工作小组的整体目标做出最大贡献。

第三，我在完成这一任务的同时也可以解决其他许多问题。

第四，完成这些任务能使我获得短期或长期的最大利益，比如得到公司的认可或赢得公司的股票期权等。

第五,这些任务一旦没有完成,就会产生严重的负面作用,比如生气、责备、干扰等。

根据紧迫性和重要性,我们可以将每天面对的事情分为4类:**重要且紧迫的事、重要但不紧迫的事、紧迫但不重要的事、不紧迫也不重要的事。**

只有合理高效地解决了重要且紧迫的事,你才有可能顺利地进行复命,而重要但不紧迫的事要求我们具有更多的主动性、积极性、自觉性,早早准备,防患于未然。剩下的两类事或许有一点价值,但对目标的完成没有太大的影响。

不仅"做事",更要"做成事"

有一次,作家刘墉和女儿一起浇花。女儿很快就浇完了,并准备出去玩。刘墉叫住她,问:"你看看爸爸浇的花和你浇的花有什么不一样?"

女儿看了看,没发现有什么不一样的地方。

于是刘墉将两人浇的花连根拔了起来,女儿一看,脸就红了,原来爸爸浇的水都浸透到了根上,而自己浇的水仅仅将表面的土淋湿了。

刘墉语重心长地教育女儿:"做事不能只做表面功夫,一定要彻底,做到'根'上。"

第三章 做事靠谱，就是最大的能力

做事并不难，人人都在做，天天都在做，难的是将事做成。做事和做成事是两回事，**做事只是基础，而只有将事做成，你的任务才算真正完成了**。做事其实和浇花一样，如果只是敷衍了事，那就等于在浪费时间，做了跟没做一样。这就是很多看起来一天到晚很忙的人忙而无果的重要原因。

有的人经常说："**我努力了，所以我问心无愧。**"而老板喜欢说的却是："**我看到你努力了，请给我结果。**"许多人宣扬结果不是最重要的，这是一种非常可笑的观点，怀着这种所谓的"超然"心态去做事，其结果往往是无法超然的失败。这种人所看重的"内心的体验"也只不过是失败所带来的遗憾和伤感。这种遗憾和伤感或许是诗人创作的源泉，但对于我们绝大多数靠薪水生活的普通人来说，没有任何帮助。

崔律、刘冬、何蝶不仅是中学同班同学，而且是大学同班同学，更是在同一天进入一家公司的同事。

但是他们的薪水却不相同：崔律月薪3000元，刘冬月薪2500元，何蝶月薪2000元。有一天，他们的中学老师来看望他们，得知他们薪水的差距之后，老师就去问总经理："在学校，他们的成绩都差不多呀，为什么毕业后会有这么大的差距？"

总经理听完老师的话，笑着对老师说："在学校他们是学习书本知识，但在公司里，却是要行动、要结果。公司与学校的要求不同，员工表现也与学校的考试成绩不同，薪水作为衡量的标准，就自然不同呀！"

看到老师仍然满脸不解的样子，总经理对老师说："这样吧，我现在叫他们三人做一件相同的事情，你只要看他们的表现，就可以知道答案了。"

总经理把三个人同时找来，然后对他们说："现在请你们去调查一下停泊在港口里的船，对船上毛皮的数量、价格和品质，你们都要详细地记录下来，并尽快给我答复。"

一小时后，三人都回来了。

何蝶先做了汇报："港口有一个我的旧识，我给他打了电话，他愿意帮我们的忙，明天给我结果。为了保证明天他给我结果，我准备今晚请他吃饭，请您放心，明天一定给您结果。"

接着，刘冬把船上的毛皮数量、品质等详细情况整理成书面材料，给了总经理。

轮到崔律的时候，他首先重复报告了毛皮数量、品质等情况，并且将船上最有价值的货品详细记录了下来。然后表明，他已向总经理助理了解到总经理的目的，是要在了解货物的情况后与货主谈判。于是，他在回程中，打电话向另外两家毛皮公司询问了相关货物的品质、价格等。

此时，总经理会心一笑，老师恍然大悟。

相信看到这种情况后，任何一个人都会像老师一样，一下子就明白，为什么他们的薪水会有差别。

称职者只满足于做事，优秀者却是要做成事，正如例子里的崔律。做成事你才能领先他人一步，许多人在工作中或生活中满足于只要做事就可以了，认为工作只要过得去就行，没有必要做到最好，但是那些在自己的工作中做出了非凡成绩的人都是以做成事为目标的。

一定要树立把事情做成的态度,要知道自己不仅是要"做事",还要"做成事"。

做对了,才叫做了

"做对了,才叫做了",这句话一针见血地指出了许多人在生活和工作中最容易犯的错误:只是满足于"做",却不重视是否把事情做好了。所以表面看起来,他们整天在付出、在努力、在忙,但是这种忙却是乱忙、瞎忙。

老板对小张越来越不满意了,可究竟为什么,连老板自己也说不太清楚。他只知道,小张每次都能把他交代的事情做了,却不能让他完全满意。

有一次,老板让小张帮忙查一下周边主要宾馆的情况,有个重要的客户从新疆过来,老板自然要好好地招待一番。

小张接到任务就忙开了。半天之后,小张给老板发来了一封电子邮件,上面密密麻麻地写着20多家宾馆的众多信息,包括宾馆等级、地理位置、服务质量,等等。

老板看到这封邮件就皱起了眉头,显然,他不是很满意。他希望看到的是简洁明了的说明,最好有一些实用的建议,比如,哪家宾馆的新疆菜做得好,或哪家的服务会比较适合这位客户。但这些信息老板都没有看到。

但老板又不好指责小张，因为小张确实将老板交代的工作做了，但是问题就出在，小张并没有把工作做对。

职场中有许多像小张这样的人，他们完成了老板交代的任务，并且很及时。然而，他们仅仅是把任务完成了，却没有把事情做好。

"做了"与"做对"，虽然只有一字之差，却有本质区别。前者只是走过场，甚至是糊弄人，后者却意味着对工作的质量负责。做工作，绝对不能满足于"做了"这一点。满足于"做了"，不仅会浪费资源，更可怕的是自欺欺人，既有可能将自己麻痹，也有可能使大家产生疏忽乃至麻痹。于是，该有的效率出不来，没有想到的陷阱和危机却可能不期而至。

沃尔玛的创始人沃尔顿年轻时收到耶鲁大学的录取通知书后，却因为家里穷交不起学费而面临失学的危机。于是他决定趁假期去打工，像父亲一样做名油漆工。

沃尔顿接到了为一大栋房子刷油漆的业务，尽管房子的主人迈克尔很挑剔，但给的报酬很高。沃尔顿很高兴地接下了这桩生意。在工作中，沃尔顿一丝不苟，他认真和负责的态度让几次来查验的迈克尔感到满意。这天是即将完工的日子，沃尔顿为拆下来的一扇门板刷完最后一遍漆，再把它支起来晾晒。做完这一切，沃尔顿长出一口气，想出去歇息一下，不想却被脚下的砖头绊了一下。这下坏了，沃尔顿碰倒了支起来的门板，门板倒在刚粉刷好的雪白的墙壁上，墙上出现了一道清晰的痕迹，还带着红色的漆印。沃尔顿立即用刮刀把漆印切掉，又调了些涂料补上。

可是做好这些后,他怎么看怎么觉得补上去的涂料色调和原来的不一样,两部分的颜色显得不协调。怎么办?沃尔顿决定把那面墙重新刷一遍。

大约用了半天时间,沃尔顿把那面墙刷完了。可是,第二天沃尔顿沮丧地发现新刷的那面墙又显得色调不一致,而且越看越明显。沃尔顿叹了口气,决定去买些材料,将所有的墙重刷,尽管他知道这样做,他要花比原来多很多的本钱,他就赚不了多少钱了,可是,沃尔顿还是决定要重新刷一遍。

他刚把所需的材料买回来,迈克尔就来验工了。沃尔顿向他道歉,并如实地将事情经过和自己内心的想法说了出来。迈克尔听后,不仅没有生气,反而对沃尔顿竖起了大拇指。作为对沃尔顿工作负责态度的奖励,迈克尔愿意赞助他读完大学。最终,沃尔顿接受了帮助。后来,他不仅顺利读完大学,毕业后还娶了迈克尔的女儿为妻,进入了迈克尔的公司。10年后,他成了这家公司的董事长。

现在提起沃尔玛零售公司无人不知,可是没有多少人知道,其创始人曾是刷墙的穷小子。一面墙改变了沃尔顿的命运,更确切地说,是他"做对了,才叫做了"的精神改变了他的命运。

"做了"并不意味着做事,做了不等于做好了,只有做好了才叫真做了。把问题解决好,才称得上是合格地完成了自己该做的事。只有把"做对"作为执行的关键,才能圆满地完成任务。

第一次就把事情做对

在我们的工作中经常会出现这样的现象：

——5%的人并不是在工作，而是在制造问题，无事必生非，他们是在破坏性地做。

——10%的人正在等待着什么，他们永远在等待、拖延，什么都不想做。

——20%的人正在为增加库存而工作，他们是在没有目标的工作。

——10%的人没有对公司做出贡献，他们是"盲做""蛮做"，虽然也在工作，却是在进行负效劳动。

——40%的人正在按照低效的标准或方法工作，他们虽然努力，却没有掌握正确有效的工作方法。

——只有15%的人属于正常范围，但绩效不高，仍需要进一步提高工作质量。

20%的人做事看似很努力，但他们不精益求精，只求差不多。尽管从表现上看来，他们很努力，但结果却总是无法令人满意。

在他们的工作经历中，也许都发生过工作越忙越乱的情况，解决了旧问题，又产生了新故障，在一团忙乱中造成了新的工作错误，像无头苍蝇一样四处打转，越忙越"盲"，把工作搞得一团糟。结果是轻则自己不得不手忙脚乱地改错，浪费大量的时间和精力，重则返工检讨，给公司造成经济损失或形象损失。但如果我们能在第一次就把事情做对，就与大多数人不同，就会大大提高办事效率和成功的概率。

罗青是一家文化公司创意部的经理，曾为自己做事粗糙的习惯而苦不堪言。有一次，由于完成任务的时间比较紧，他在审核广告公司回传的样稿时不仔细，在发布的广告中弄错了一个电话号码——服务部的电话号码被他们打错了一个数字。就是这么一个小小的错误，给公司导致了一系列的麻烦和损失。

罗青忙了大半天才把错误的问题理清楚，耽误的其他工作不得不靠加班来弥补。与此同时，还让领导和其他部门的数位同事和他一起忙了好几天。如果不是因为一连串偶然的因素使他纠正了这个错误，造成的损失必将进一步扩大。

罗青的故事告诉我们，第一次就把事情做对是非常重要的。我们平时最经常说到或听到的一句话是"我很忙"。是的，在"忙"得心力交瘁的时候，我们是否考虑过这种"忙"的必要性和有效性呢？假如在审核样稿的时候罗青稍微认真一点，还会这么忙乱吗？

工作缺乏质量，容易出错，结果就会忙着改错，改错中很容易忙出新的错误，恶性循环的死结越缠越紧。这些错误不仅让自己忙，还会放大到让很多人跟着你忙，造成团队工作效能低下。

我们工作的目的是为了创造价值，而不是忙着制造错误或改正错误。在工作完工之前想一想，出现差错带给自己和公司的麻烦，想一想出错后造成的损失，就能够理解"第一次就把事情做对"这句话的分量。

建立做事次序，高效工作

诗人浦柏写过这样一句话："秩序，是天国的第一条法则。"秩序也是我们工作中的重要法则。对于一个高效人士来说，提高工作效率，科学规划时间，提高办事能力是关键，而一个良好的工作秩序是必不可少的。

效率专家查尔斯·菲尔德说："我欣赏有条理的工作方式。看看有条理的人的工作方式——向他询问某件事情时，他立刻就能从文件柜中找出相关资料。当交给他一份备忘录或计划方案时，他会插入适当的卷宗内，或放入某一档案柜。"

人们经常会看到一些管理者的办公桌上，堆满了待处理的文件、书稿、喝剩下的半杯茶水、过期的报纸与杂志，等等。当你需要一份文件或寻找书稿时，是否要把这些东西翻个底朝天呢？试想，在这样杂乱的环境中工作或者学习，你的效率会提高吗？

建立一个良好的工作秩序，增加单位时间的利用效率，合理组织工作，这既是最容易的事，也是最困难的事。**工作无序，没有条理，在一切都是乱糟糟的工作环境中东翻西找，这无疑意味着你的精力和时间都毫无价值地浪费了。**

办公桌面是否整洁，是工作条理化的一个重要方面。从某种程度上说，杂乱无章的工作方式是一种恶习。在多数情况下，东西越堆越高，物件越杂乱无章，就会给你的工作带来越大的麻烦，当你不能记起堆积物下层放的是什么东西时，或者你要为一个项目找到所有相关资料时，你就不得不在资料堆里埋头苦找。这样，时间就浪费在了查找丢失的东西上了。另外，**随意放置的凌乱东西会随时分散你的注意力**。因此，如果你的办公桌上经常是物品、文件堆积如山，你就要花时间来整理一下了，在这种情况下花上半个到一个小时是值得的。

第一，把办公桌上所有与正在做的工作无关的东西清理出来，把立即需要办理的找出来，放在办公桌中央，其他的按照分类分别放入档案袋或者抽屉。这样做的目的是提醒你，你现在所做的工作应该是此刻最重要的工作，你一次只能做一项工作，你要把所有精神集中在这件事上，不能让其他事情影响你。

第二，不要因为受到干扰或者疲倦放下正在做的工作，转而去做其他不相干的事情，除非你是去楼外呼吸一下新鲜空气。因为如果此项工作还未结束，就开始另一项工作的话，你的办公桌就开始混乱。你一定要力求把手头的工作做完后再开始另外的事情，即使这项工作遇到了阻碍，你也要尽量完成到一个再做它时容易开始的阶段。

第三，一项工作做完后，一定要把与这项工作相关的资料收拾整齐，并按照类别把它们放到合适的位置，千万不要把它们毫无章法地摊放在办公桌上。下一步你该核对一下剩下的工作，然后去进行第二项最重要的工作。

从办公桌上拿开目前不需要的书籍、文件，可以按照重要性和先后顺序的原则，对它们进行分类。

下一步就要开始的工作是先大致看一下文件内容，然后根据内容放入不同的档案袋，并在档案袋外面加以简单注明。待办的，即以后可能要处理的但不是当前的重要工作，可以将它们的相关资料进行归类，然后放入抽屉。可以打发空闲时间的阅读材料，也就是一些自己爱看的书、杂志、每日的报纸，等等，这些最好看完之后就都放入自己的办公柜，不要让它们在你工作的时候在你的面前摆着，因为你的兴趣很有可能把你从工作中吸引出来，而且它们还会占据你本来就不大的工作空间。

另外，与工作相关的或者有用的客户、媒体及其他各界朋友的名片，或者来访者所留姓名、电话、地址、电子邮件等，也要分门别类登记放好，以便随时查阅。

在每天下班前，你可以抽出几分钟把办公桌收拾干净，并且每天都按照以上的标准进行清理，这样你就可以在结束今天的工作时，为明天的工作打下好的基础。长此下去，养成习惯，你的办公桌会保持整洁，这对于你的工作，是有百利而无一害的。

任何坐在办公桌前的人最需要的是，想出某种办法来及时提醒自己一天中需要完成的事项。把最优先的待办事项留在你的桌子上，提醒自己不要忽视它们。不要把一些小东西——全家福照片、纪念品、镇纸、钟表、温度计，以及其他东西过多地放在办公桌上。这样它们就不会占据你的工作空间，也不会分散你的注意力。

第三章 做事靠谱，就是最大的能力

化繁为简，做事更轻松

有一家杂志社举办过一项奖金高达数万元的有奖征答活动，内容是：

在一个热气球上，载着三位关系着人类命运的科学家。

第一位是一名粮食专家，他能在不毛之地甚至在外星球上，运用专业知识成功地种植粮食作物，使人类彻底脱离饥荒。

第二位是一名医学专家，他的研究可拯救无数的人，使人类彻底摆脱诸如癌症、艾滋病之类绝症的困扰。

第三位是一名核物理学家，他有能力防止全球性的核战争，使地球免于遭受灭亡的绝境。

由于载重量太大，热气球即将坠毁，必须牺牲一个人以减轻重量，使其余两人存活。请问，应该牺牲哪一位科学家？

征答活动开始之后，因为奖金数额很大，很快吸引了社会各界人士的广泛参与，并且引起了某电视台的关注。在收到的应答信中，每个人都使出浑身解数，充分发挥自己丰富的想象力来阐述他们认为必须牺牲哪位科学家的"妙论"。

最后的结果通过电视台揭晓，并举行了热闹的颁奖仪式，高额奖金的得主是一个14岁的小男孩。他的答案是：只能牺牲最胖的那位科学家。

这个故事提示了这样一个道理，很多事情其实很简单，但人们往往把它们复杂化了。化繁为简，善于把复杂的事物简明化，是防止忙乱、获得事半功倍之效的法宝。工作中，我们经常看到有的人善于把复杂的事物简明化，办事又快又好，效率高；而有的人却把简单的事情复杂化，迷惑于复杂纷繁的现象中，结果陷在里面走不出来，工作忙乱被动，办事效率极低。

《提高生产率》一书中讲到提高效率的"三原则"，即为了提高效率，每做一件事情时，应该先问三个"能不能"：**能不能取消它？能不能把它与别的事情合并起来做？能不能用更简便的方法来取代它？**

我们接受的教育和大多数训练都指导我们把握每一个可变因素，找出每一个应对方案，分析问题的角度应尽可能多样化。因此，事情变得异常复杂，我们当中"最优秀"的人提出了最佳的建议和方案，而这些建议和方案也无疑是最复杂的。

久而久之，我们开始习惯于一种定式思维——最复杂的就是最好的。复杂化的问题从小就开始伴随着我们，成为我们生活和工作的一部分。其实，**处理复杂问题最有效的方法是简单**。美国通用电气前CEO杰克·韦尔奇说："你简直无法想象让人们变得简单是一件多么困难的事，他们恐惧简单，唯恐一旦自己变得简单就会被人说成是大脑简单。而现实生活中，事实正相反，那些思路清楚、做事高效的人正是最懂得简单的人。"

航海家哥伦布发现美洲后回到西班牙，女王为他摆宴庆功。

在酒席上，许多王公大臣、名流绅士都瞧不起没有爵位的哥伦布，纷纷出言相讽。

"没什么了不起，我出去航海，一样会发现新大陆。"

"只要朝一个方向航行,就会有重大发现!"

"驾驶帆船,太容易了!女王不应给他这样高的奖赏。"

这时,哥伦布从桌上拿起一个鸡蛋,笑着问大家:"各位尊贵的先生,哪位能把这个鸡蛋立起来?"

于是一些自以为能力超群的人物纷纷开始立那个鸡蛋,但左立右立,站着立坐着立,想尽了办法,也立不住鸡蛋。

"我们立不起来,你也一定立不起来!"

哥伦布拿起鸡蛋,"砰"的一声往桌上磕了一下,蛋壳破了一部分,鸡蛋牢牢地立在桌子上。众人嚷道:"这谁不会呀!这太简单了!"

哥伦布微笑着说:"是的,这很简单,但在这之前你们为什么想不到呢?"

很多事情解决起来很简单,并没有看上去那么复杂,只是我们把它想得太复杂了。我们生活在一个复杂的时代,大大小小的问题,被描述得复杂不堪,使人望而却步。我们要参加烦琐的会议,要阐述复杂的概念,要面对复杂的管理,要接受复杂的企业文化……然而我们却发现企业的效率越来越低,管理成本越来越高,我们把时间浪费在繁杂的事务上。这个时候就一定要学会把烦琐累赘一刀砍掉,让事情保持简单!这就是奥卡姆剃刀原则:把复杂的对象剃成最简单的对象,然后再着手解决问题。

简化问题,避免冗繁是我们提高工作效率的重要途径。无论做什么事,最简单的方法就是最好的方法。

靠谱：成为一个可信赖的人

找准靶心，正确界定问题

人力资源培训专家吴甘霖说："要解决问题，首先要对问题进行正确界定。弄清了'问题到底是什么'，就等于找准了应该瞄准的'靶心'。否则，要么劳而无功，要么南辕北辙。"

面对问题，人们常有的第一感觉，就是希望立即找到最好的解决方法。这样的想法无可厚非，但是，如果连自己真正面对的问题是什么，自己通过解决这个问题将获得什么都无法确定，那无疑是操之过急了。将一个问题准确地界定，就等于解决了问题的一半。

正确地界定问题，你可以参照以下几点来提醒自己：

第一，解决问题所要达到的真正目的。

第二，固定思维，提升要界定问题的层次。

第三，从其他角度或相反方面找方法。

要解决一个问题，首先不是技巧，而是对问题进行正确界定，只有对准"靶心"，才能射中目标；只有认准目标、选对方法，才能做好事情。

第二次世界大战时期，苏联军队准备趁天黑向德军发动进攻。一切都筹备好了，可那天晚上偏偏月光明亮，大部队进攻在月光下很难做到隐蔽而不被发现。该怎么办？一切都已经准备妥当，这是一个绝佳的时机，难道因为天空中的月光就放弃吗？苏军元帅朱可夫苦苦思索，但始终没有找到解决之法。忽然，他停了下来，他意识到自己犯了个致命的错误,被错误带入了错误的思考领域。"我们真的需要天黑吗?不是,我们选择天黑仅仅是希望借着夜色掩护部队,让德军看不到自己。我们真正要做的是让敌人看不见,我们的目的是让敌人看不见我们的部队!"

有了这样的观念,朱可夫不再纠结在"天黑"的牛角尖里寻找办法,而是将视线转移到真正的目的——"让对手看不见"上来。他思考了很久,突然有了一个主意:只有黑暗能让人看不见吗?光亮同样能!他立即发出指示:将全军所有的探照灯都集中起来,并立即准备向德军发起进攻。当苏军进攻时,140台探照灯同时射向德军阵地。极强的亮光使得隐蔽在防御工事里的德军根本睁不开眼。不能睁开眼睛,也就什么也看不见,只能挨打而无法还击。苏军势如破竹,很快突破了德军的防线。

如果黑暗并非我们真正的目的,何不以光明来解决问题?加倍的光明同样能达到"令人看不见"的效果。当我们遇到问题,寻求解决方法的时候,我们必须明确自己解决问题的真正目的和渴望通过解决问题所达到的目标,明确究竟什么才是我们真正想要的。一旦我们清楚地知道这些,并且围绕着这些展开寻找解决之道,那就会少走许多走弯路,节省很多精力和时间,也能使自己不钻入思维的死角。

靠谱：成为一个可信赖的人

抓住问题的根源，做对事

在美国纽约，有一家联合碳化钙公司，为了进一步谋求发展，他们斥巨资新建了一栋52层高的总部大楼。工程马上就竣工了，但如何面向社会宣传又不引起人们的反感呢？公司的广告部人员绞尽了脑汁，仍然找不到一个满意的宣传方式。

就在这时，值班人员报告，在大楼的32层大厅发现了大群的鸽子。这群鸽子似乎将这个大厅当成巢穴了，把大厅搞得脏乱不堪。可是，应该怎样处理这群鸽子呢？如果处理得不好，势必会引起环保组织的攻击。终于，他们找到了问题的根源，那就是处理鸽子的方式。如果处理得巧妙，就可以使麻烦变成机遇。工作人员冥思苦想，终于得到了一个"一举两得"的好办法，那就是利用鸽子这一偶然事件大做文章，制造新闻。他们先派人关好窗子，不让鸽子飞走，并打电话通知了纽约动物保护委员会，请他们立即派人妥善处理好这些鸽子。

可想而知，历来以注重动物保护而自誉的美国人会怎么样。动物保护委员会的人闻讯后立即赶来了，他们兴师动众的举动马上惊动了纽约的新闻界，各大媒体竞相出动了大批记者前来采访。

三天之内，从捉住第一只鸽子直到最后一只鸽子落网，新闻、特写、视频等，连续不断地出现在报纸和电视上。这期间，出现了大量有关鸽子的新闻评论、现场采访、人物专访，而整个报道的背景就是这个即将竣工的总部大楼。此时，公司的管理层抓住这千金难买的机会频频出场亮相，乘机宣传自己和公司。一时间，"鸽子事件"成了酷爱动物的纽约人乃至全美人民关注的焦点。

随着鸽子被一只只放飞，这家碳化钙公司的摩天大楼以极快的速度闻名遐迩，而这家碳化钙公司却连一分钱的广告费都没花。

回头想一想，如果这家碳化钙公司没有找到问题的根源，没有意识到鸽子的处理方式关系到公司的利益，若处理不当，不但会损害公司的形象，更会丧失免费宣传公司大楼的机会。

在工作中，没有人不希望能最快、最有效地解决问题，但有的人能做到，有的人却做不到，这其中的原因有很多，而是否懂得抓要点、抓根本，才是关键。

在老板看来，一名称职员工最关键的素质是解决问题的能力，尤其是在紧要关头。正如一位企业家所说："通向最高管理层的最迅捷的途径，是主动承担别人都不愿意接手的工作，并在其中展示你出众的创造力和解决问题的能力。"

眉毛胡子一把抓，结果往往是事事着手、事事落空，即使事情能做成，也要付出很多的时间和精力。与此相反，有的人不管遇到多么棘手的问题，都能够以最快的速度，抓住问题的要点，并采取相应的方法，这样，再棘手的问题也能很快解决。

靠谱：成为一个可信赖的人

以老板的心态对待工作

每个人都在从事两种不同的工作：一是你正在做的工作，另外一种则是你真正想做的工作。如果把该做的工作和想做的工作结合起来，两者兼顾，那你不想成功都很难。你要明白，你正在为你的未来做准备，你正在学习的东西将使你可以超越自我，甚至超越老板。

如果你以老板的心态来工作，那么你就不会拒绝上司安排给你的工作。你会认为这是表现自己工作能力、锻炼自己技能和毅力的一次机会。有了这样的心态，你就会因工作任务完成出色而使薪水得到提升，即便没有，你综观全局的领导能力也会得到培养、锻炼和提升，从而为你将来自己创业积累经验。

拿破仑·希尔聘用了一位年轻的女士当助手，替他拆阅、分类及回复他的大部分私人信件。当时，她的工作是听拿破仑·希尔口述，记录回信的内容，她的薪水和其他从事类似工作的人大致相同。有一天，拿破仑·希尔口述了下面这句格言，并要求她用打字机打印出来："记住，你唯一的限制就是你自己脑海中所设立的那个限制。"

她把打好的纸张交给拿破仑·希尔时说："你的格言使我有了一个想法，这对你我都很有价值。"

这件事并未在拿破仑·希尔脑中留下特别深刻的印象，但从那天起，拿破仑·希尔可以看得出来，这件事在助手脑中留下了极为深刻的印象。她开始在吃完晚餐后回到办公室，从事的却是她职责之外并且没有报酬的工作。她开始把写好的回信送到拿破仑·希尔的办公桌上。

她已经研究过拿破仑·希尔的风格，因此，这些回信就跟拿破仑·希尔自己所写的一样好，有时甚至更好。她一直保持着这个习惯，直到拿破仑·希尔的私人秘书辞职为止。当拿破仑·希尔开始找人来补充这位秘书的空缺时，他很自然地想到这位助手。在拿破仑·希尔还未正式给她这个职位之前，她已经主动地接收了它。由于她在下班之后，在没有领取加班费的情况下，对自己加以训练，终于使自己有资格出任拿破仑·希尔的秘书。

以老板的心态工作，既是为了得到那份薪水，也是为自己独立创业积累经验。作为一名渴望在事业上有所发展的年轻人，应该时刻提醒自己以老板的心态来工作，这样，不仅能把自己分内的工作干好，而且对自己的综合能力也会有一个很好的提升。

以老板的心态对待公司，这样，你就会成为老板的得力助手，老板也会因为你的忠诚而器重你。以这样的心态工作，就可以坦然地面对老板，因为你对公司尽了自己最大的努力。

那么在工作中，我们如何才能做到以老板的标准要求自己呢？这需要我们对自己的行为准则有更深刻的认识。你可以在工作中尝试问自己下列问题：

——如果我是老板，会怎样对待态度恶劣、无理取闹的客户？

——如果我是老板，目前这个项目是不是需要先优化一下，再做出投资决策？

——如果我是老板，面对公司中无谓的浪费，是不是应该立即采取必要的措施加以制止？

——如果我是老板，是不是应当保证自己的言行举止符合公司要求，代表公司的利益，以免对公司产生不良影响？

……

我们无法在此一一列举出老板应该思考的所有问题，但是毫无疑问的是，当你以老板的角度思考问题时，会对你的工作态度、工作方式以及工作成果，提出更高的要求。只要你深入思考，积极行动，那么你所获得的评价一定也会提高，你很快就会脱颖而出。

卓越是标准，更是行动

对于尽职尽责的人来说，卓越是唯一的工作标准。他们不会对自己说"我已经做得够好了"，而是要求自己在每一份工作中都做到尽善尽美。在工作中习惯于说自己"做得够好了"的人是对工作的不负责任，也是对自己的不负责任。每个人身上都蕴含着无限的潜能，如果你能在心中给自己定一个较高的标准，激励自己不断超越自我，那么你就能摆脱平庸，走向卓越。

一天，某家希尔顿饭店来了一对老夫妇，他们说："请问还有房间吗？"服务生查了一下电脑，发现今天的房间都订完了，

"先生，太太，我们附近还有几家档次不错的饭店，跟我们都一样的，要不要我帮你们试试看。"服务生礼貌地说。他先带领老夫妇去喝杯咖啡，一会儿服务生过来说："我们后面的喜来登大酒店还有一个房间，档次跟我们是一样的，还便宜20美元，你们想住过去吗？"老夫妇高兴地说："Why not（为什么不呢）？"之后服务生把老夫妇和他们的行李送上了车。

希尔顿员工的这种行动，根本不是在主管的监督下才去做的，这完全是一种自觉，一种工作标准，这标准已经变成一种原动力，不停地推动企业进步。

作为一名员工，做事情是不能靠主管在后面挥动鞭子的，要靠自己内在的主动性，让追求"标准"变成一种原动力。

相传古希腊哲学家苏格拉底在学校开学的第一天曾经教学生们甩手，并且还要求他们每一天都要做够300次。一个月过后，他问都有哪些同学一直坚持下来了，90%的同学举起了手，两个月过后，一直坚持下来的只剩下80%；一年过后，苏格拉底再问大家，整个教室里只有一个人举起了手，这个学生就是后来成为哲学家的柏拉图。

可见，卓越是一种标准，更是行动，卓越不是说的，不是看的，而必须要付诸实践。

微软公司亚太地区前总裁李开复说："卓越是一种习惯，人生是一个过程，卓越人生更是一个过程，在这个过程中，要想卓越不凡，就需要付诸行动。"事实上，人是在行动中改变的，经验是在行动中累积的，成功是在行动中得到的，不管是在顺境中还是逆境中，行动都是最重要的。

一张地图，无论多么详尽精确，它永远不可能带着它的主人在地面上移动半步；一条法律，无论多么神圣公正，它永远不可能完全消灭罪恶；任何"宝典"，以及绘着秘密藏宝图的羊皮卷，它永远不可能创造财富，只有行动才能使这一切具有现实意义；没有行动，所有的果实都无法收获。没有行动，任何人都会裹足不前，行动才是卓越人生的开始。

把每一个细节做到完美

俗语说"一滴水可以折射整个太阳"，许多"大事"都是由微不足道的"小事"组成的。日常工作中同样如此，看似烦琐、不足挂齿的事情比比皆是。如果你对工作中的这些小事轻视怠慢，敷衍了事，到最后就会因"一着不慎"而失掉整盘棋。所以，每个人在处理细节时，都应当引起重视。

工作中要想把每一件事情做到无懈可击，就必须从小事做起，付出你的热情和努力。士兵每天的工作是队列训练、战术操练、巡逻站岗、擦拭枪械等小事；酒店服务员每天的工作是对顾客微笑、回答顾客的提问、整理清扫房间、细心服务等小事；公司中的你每天所做的事可能是接听电话、整理文件、绘制图表之类的细小工作。但是，我们如果能很好地完成这些小事，没准儿将来你就可能是军队中的将领、饭店的总经理、公司的管理层。

反之，你如果对此感到乏味、厌倦不已，始终提不起精神，或者因此应付差事，勉强应对工作，将一切都推到"英雄无用武之地"的借口上，那么你现在的位置也会岌岌可危，在小事上都不能胜任，何谈在大事上"大显身手"呢？没有做好"小事"的态度和能力，做"大事"只会成为"无本之木，无源之水"，根本成不了气候。可以这样说，平时的每一件"小事"其实就是一个房子的地基，如果没有这些材料，想象中美丽的房子只会是"空中楼阁"，根本无法变为"实物"。在职场中，每一个细节的积累，就是今后事业稳步上升的基础。

一位老教授说起他的经历："在我多年来的教学实践中，发觉有许多在校时资质平凡的学生，他们的成绩大多是中等或中等偏下，没有特殊的天分，有的只是安分守己的诚实性格。这些孩子走上社会参加工作，不爱出风头，默默地学习成长。他们平凡无奇，毕业之后，老师、同学都可能会忘记他们的名字和长相。但毕业几年、十几年后，他们却带着成功的事业回来看望老师，而那些原本看起来有美好前程的孩子，却一事无成。这是怎么回事？

"我常与同事一起琢磨，认为成功与在校成绩并没有什么必然的联系，但和踏实的性格密切相关。平凡的人比较务实、比较自律，所以许多机会落在这种人身上。平凡的人如果加上勤能补拙的特质，成功之门必定会向他大方地敞开。"

人们都想做大事，而不愿意或者不屑于做小事。事实上，随着经济的发展，专业化程度越来越高，社会分工越来越细，真正所谓的大事实在太少，比如，一台拖拉机有五六千个零部件，要几十个工厂进行生产协作；一辆家用小汽车，有上万个零件，需上百家企业生产协作；一架民航飞机，有约600万个零部件，涉及的企业会更多。

因此，多数人所做的工作只是一些具体的事、琐碎的事、单调的事，它们也许过于平淡，也许鸡毛蒜皮，但这就是工作，是生活，是成就大事不可缺少的基础。所以无论做人、做事，都要注重细节，从小事做起。一个不愿做小事的人，是不可能成功的。道家学派创始人老子告诫人们："天下难事，必作于易；天下大事，必作于细。"要想比别人更优秀，只有在每一件小事上下功夫。不会做小事的人，也做不出大事来。

第四章

所谓靠谱，就是不断交付确定

靠谱：成为一个可信赖的人

瞬间启动，第一时间化问题为无形

施耐特是 IBM 公司的一名产品经理，以善于解决问题而备受上司赏识。可是最近他似乎遇到了一道看似不可逾越的屏障。他参与的一项新产品设想几乎通过所有审批，但唯独没有得到工厂经理的签字。而且经过与这位工厂经理的多次讨论之后，得到的结论是工厂经理并不赞成他的这项设想。可是新产品一旦投产，会给工厂带来可观的效益，怎能就这样轻易放弃呢？

为了克服这种情绪上的抵抗，施耐特想出了一套办法。首先，他请两位非常受工厂经理尊敬的人给其送去两份有利于这项新产品的市场研究报告，然后请公司最大的客户代表帮忙，请他在电话交谈时，提到这项新产品的发展计划，并且表示"我很希望此产品如期投产"。接下来，他利用一次开会的机会，让两位工程师在开会之前接近这位工厂经理，讲一些有利于这项产品的实验结果。最后，他召集了一次会议，讨论这项产品，他请来的人都是工厂经理比较喜欢（或者尊敬）的人，而且这些人都觉得这项新产品设想不错。这次会议后第二天，施耐特再次请工厂经理签字，结果成功了。

在工作和生活中问题是层出不穷的，但只要我们掌握了解决问题的正确方法，那么所有的问题都可以迎刃而解。杰克·韦尔奇说：**"与其报怨，不如实干。"** 其用意是告诉人们与其把时间浪费在抱怨上，倒不如埋下头来仔细寻找解决问题的办法，并第一时间付诸行动。

成功学家格兰特纳说过这样的话："如果你有自己系鞋带的能力，就有上天摘星星的机会！"一个人对待生活和工作的态度是决定他能否成功的关键。一个做事高效的人是不会到处为自己找借口、开脱责任的，相反他会把找借口和抱怨的时间用在第一时间解决问题的实际过程中。

第一时间解决问题还意味着要在工作中负起应有的责任。美国总统杜鲁门上任后，在自己的办公桌上摆了个牌子，上面写着"Book of stop here（问题到此为止）"，意思是说："负起责任来，不要把问题丢给别人。"大多数情况下，人们会对那些容易解决的事情负责，而把那些有难度的事情推给别人，这种思维常常会导致我们工作失败。

第一时间解决问题也意味着在问题出现时不拖延。及时处理存在的问题，可以缩小其负面影响。只有这样，才能掌控质量，才能处于主动的位置。任何一家企业，如果不能及时处理存在的问题，把问题消灭在容易处理的阶段，一拖再拖，一旦处于被动局面，就会很难解决。

为了吸引顾客，麦当劳快餐店把场地清洁作为一条重要的经营原则，总店经常派出人员到各地搞突击式检查，发现问题及时处理和纠正。

连续几天都比较炎热，应当是冷饮销售的旺季。但麦当劳的督导员通过数据分析，发现辖区一家餐厅里，饮料类销售额并没有明显提升，与其他几家餐厅相比，该店饮料销售额的提升速度太慢了！饮料在其总营业额中占的比例远不及其他餐厅。

督导员默不作声地站在柜台外，店员并没有注意到他的出现，仍各自忙碌着。他专注地看着店员给顾客打饮料的操作，一切都很正常。忽然，他发现身边三位顾客手里的奶昔有一些"异样"——里面似乎装得过满，盖盖子都很费力。为了了解情况，他走到柜台前，买了一杯可乐和一杯芬达，坐在离柜台不远的地方，一边"品尝"，一边观察奶昔岗位的工作状况。

两个问题有了眉目，督导员明显感到：可乐口感有点儿淡，芬达也一样，甚至淡到能感到碳酸水的"涩味"。饮料不好喝，销量自然上不去。问题应当出在饮料机上，一定是每天的调校工作出现了漏洞。

半个小时过去了，所有顾客拿到的奶昔都是"超级满"，基本可以排除员工"谋私"的可能，应当是培训不到位的原因。督导员马上找来员工组长询问。果然，饮料机已经近一周没有调校了，原因是调校量杯摔坏了，订货一直没到。听到这里，督导员立即打电话给邻近的门店请求协助。不一会儿，饮料机调好了。门店经理看着督导员，不知是感激还是羞愧，只说了一句："我知错了！"督导员对他说："影响几天的销量事小，砸了我们的牌子，那才无法弥补。"随后督导员和门店经理一起开始调查奶昔问题。督导员对那位管理奶昔机的员工说:"早晨奶昔机工作量小,产品比较稠,打得太满会使顾客饮用困难,服务品质就要打折扣;同时,这样的装杯量,相当于每5杯就浪费了1杯,损失很大。"接下来,督导员和门店经理一起交流了当天发生的事情。在培训、排班、沟通等方面,门店经理接受了一次全面的教育,也让门店解决了饮料销售问题。

及时处理存在的问题,是麦当劳长盛不衰的秘诀,也是标准工作法的重要内容。我们应该做到及时处理问题,当问题还处于可以控制的范围内便将其处理掉,在尽可能短的时间内花最少的精力解决问题。

瞬间启动,第一时间解决问题,不要把时间浪费在抱怨上,这是解决问题应采取的正确态度,同时代表了一个人的责任心。我们必须为自己身上发生的一切负责,正如一位企业家所说:"职员必须停止把问题推给别人,应该学会运用自己的意志力和责任感,着手行动,处理这些问题,让自己真正承担起自己的责任来。"而在发现问题后第一时间处理,既是对待问题的严肃态度,更是一种工作和生活的理念。

不作"穷忙族",不陷入没有目标的怪圈

一队毛毛虫在树上排着队伍前进,有一条带头,其余的依次跟着,食物就在枝头,一旦带头的找到目标,停了下来,它们就

开始享受美味。有人对此非常感兴趣，于是做了一个试验，将这一组毛毛虫放在一个大花盆的边上，使它们首尾相接，排成一个圆形，带头的那条毛毛虫排在队伍中。那些毛毛虫开始移动，它们像游行队伍，没有头，也没有尾。观察者在毛毛虫队伍旁边摆放了一些它们爱吃的食物。观察者预料，毛毛虫会很快厌倦爬行而转向食物。出乎预料之外，那只带头的毛毛虫一直跟着前面毛毛虫的尾部，它失去了目标。整队毛毛虫沿着花盆以同样的速度爬了很长时间。

可怜的毛毛虫给予我们深刻的启示：没有目标、没有方向的盲目行动只能失败。目标和主题对于我们和我们的行动非常重要，不容忽视。

在工作中，很多人都有可能忘了最初的目标，忙于应付一只又一只跑出来的"兔子"，结果忙来忙去什么都没有得到。事实上，我们忙碌的最大问题在于根本不知道自己在忙什么，什么问题才是值得我们去解决的，或者在不知不觉中"跑了题"。例如，想做饭了却发现家里没盐了，去买盐时发现旁边那个沙锅不错，买沙锅之前到另外一家商场比较价钱，结果在那家商场看到了自己喜欢的一个衣服品牌专柜正在打折……到了最后盐没买成，却穿着新衣服在饭店里吃饭。这就是无主题变奏。这是造成我们无序忙碌的重要原因，也是造成我们忙而无果的重要原因。

我们常常行动盲目、毫无计划，整天忙忙碌碌、晕头转向，结果却因为做了大量无意义的事情而使忙碌失去了价值。

李洁是一家公司的职员，大学毕业后，在求职中并没有费多少周折，就顺利地进入了这家著名的跨国公司。因为她精明能干，善解人意，很受老板的赏识。进入这家公司没多久，她很快就由普通员工被提拔为经理助理。为此，她工作更加敬业，帮经理把工作安排得井井有条，和同事关系也很好。

李洁在公司的工作用她自己的话来说就是得心应手。在这家公司，与她同一届毕业的同学当中，她做得最好。所以，难免会有同学打电话来询问她一些工作上的事情。

善解人意的李洁，每当接到电话，就会很积极地帮助他人出谋划策，帮他们解决工作上遇到的问题。

这样一来，她就无法专注于自己的工作。经理也批评过她，说你做这些事，虽然帮了同事、同学，甚至对提高公司其他人员的工作能力都起到了非常好的作用，可这些事对你来说毕竟都是无效的，这些无效的事迟早会误了公司和你自己的大事。

但李洁依然故我，每天还是忙忙碌碌的，热心地做着很多帮助他人的事。

一次，总部的老板打电话过来，结果电话一直占线，而这一次老板的电话是通知李洁的经理：有个重要的合同要与他协商。结果，老板一直等了半个多小时，才把电话打进来。了解到电话占线的原因不是因为李洁的经理在洽谈生意，而是李洁接了一个电话，正在热心地帮助别人，做那些占用公司的重要资源却效用很低的工作后，老板一句话没说就把电话挂了。

直到有一天，正当李洁在修改一份公司报告时，总部的老板发过来一份传真：你的工作很出色，你也很努力，但是你没有很清楚地认识到哪些事才是对你和公司最有效的。我希望下次见到的不是李洁,而是一个能专注于有效工作的员工。

结果可想而知,每天都忙得不可开交的李洁被辞退了。原因也很简单:她整天都在忙忙碌碌,却是在做无用功。

一位科学家说:"无头绪地、盲目地干工作,往往效率很低。正确地安排自己的活动,首先就意味着准确地计算和支配时间。虽然客观条件使我难以这样做,但我仍然尽力坚持按计划利用自己的时间,每分钟计算着自己的时间,并经常分析工作未按时完成的原因,就此采取相应的改进措施。通常我在晚上订出第二天的计划,订出一周或更长时间的计划,即使在不从事科学工作的时候,我也非常珍视一点一滴的时间。"

在残酷的市场竞争中,昏昏然机械的忙碌就如同在悬崖边上跳舞,而企业的"群盲"则更危险,一失足很有可能让企业元气大伤,甚至从此一蹶不振。

不要半途而废,分步实现大目标

美国有个84岁的老太太莫里斯·温莱,1960年曾轰动美国。这位高龄老太太,竟然徒步走遍了美国。人们为她的成就感到自豪,也感到不可思议。

有位记者问她:"你是怎么实现徒步走遍美国这个艰难目标的呢?"

老太太回答:"我的目标只是前面那个小镇。"

莫里斯太太的话很有道理,其实,事业亦是如此,我们每个人都希望找到自己的事业目标,并为实现这个目标而生活和工作。如果你能把你的人生目标清楚地表达出来,就能帮助你随时集中精力,发挥出你人生进取的最高效率。

然而,如果你想轻松打好事业这副牌,光有远大目标做引导还不行,你还必须要一步一个脚印,制订每一个事业发展阶段的"短期目标"。

实现自己的目标,需要把远期目标分解成当前可实现的目标。俗语说得好,"罗马不是一天建成的",既然一天建不成辉煌的罗马,我们就应当专注于建造罗马的每一天。这样,把每一天连起来,就会建成一个美丽辉煌的罗马。

因此,如果我们不能一下子实现自己的目标,就应当将长期目标分解成一个个当前可实现的目标,分段实现大目标。

25岁的时候,哈恩因失业而挨饿。他白天在马路上游荡,目标只有一个,躲避房东讨债。一天他在42号街碰到歌唱家夏里宾。哈恩在失业前,曾经采访过他。但是,他没想到的是,夏里宾竟然一眼就认出了他。

"很忙吗?"夏里宾问哈恩。

哈恩含糊地回答了夏里宾,猜他看出了自己的遭遇。

"我住的旅馆在第103号街,跟我一同走过去好不好?"

"走过去?但是,夏里宾先生,这中间有60个路口,可不近呢?"

靠谱：成为一个可信赖的人

"你说错了，"夏里宾笑着说，"只有5个街口。是的，我说的是第六个街口的一家射击游艺场。"夏里宾有些所答非所问，但哈恩还是顺从地跟他走了。

"现在，"到达射击场时，夏里宾说，"只有11个街口了。"

不大一会儿，他们到了卡纳奇剧院。

"现在，只有5个街口就到动物园了。"

又走了12个街口，他们在夏里宾的旅馆停了下来。奇怪的是，哈恩并不觉得怎么疲惫。夏里宾向他解释为什么要步行的理由："对于今天的行走，你可以记在心里。这是生活中的一个教训。你与你的目标无论有多么遥远的距离，都不要担心。把你的精力集中在5个街口的距离。别让那遥远的未来令你烦闷。"

不要迷失自己的目标，每次只把精力集中在面前的小目标上，这样，遥不可及的大目标便近在眼前了。

目标的力量是巨大的。目标应该远大，才能激发你心中的力量，但是，如果目标距离我们太远，我们就会因为长时间没有实现目标而气馁，甚至会因此变得自卑。所以，我们实现大目标的最好方法，就是在大目标下分出层次，分步实现大目标。

在现实中，我们做事之所以会半途而废，往往不是因为难度较大，而是因为觉得成功离我们较远。确切地说，我们不是因为失败而放弃，而是因为倦怠而失败。只有把大目标化成小目标，尽力完成每一个阶段目标，才能取得人生的胜利。

第四章 所谓靠谱，就是不断交付确定

凡事预则立，不预则废

宝洁公司生产了一种婴儿纸尿布，销售市场遍布世界各地，在德国和中国香港市场一度非常畅销。

但好景不长，德国的销售公司向总公司汇报：德国的消费者反映，宝洁公司的尿布太薄了，吸水性能不足。而中国香港的销售公司却向总公司汇报：香港的消费者反映，宝洁公司的尿布太厚了，简直就是浪费。

总公司感到非常奇怪：为什么同样的尿布，会同时出现太薄又太厚两种反馈呢？这让公司的管理人员有点摸不着头脑。

其实，这是宝洁公司的产品开发人员在设计产品时缺乏思考，对产品销售的不同市场没有细致调研和考察造成的。

总公司通过详细的调查发现，同时反映尿布太薄又太厚的原因，是德国和中国香港的母亲使用婴儿尿布的不同习惯所致。虽然中西方婴儿一天的平均尿量大体相同，但德国人凡事讲究制度化，完全按照规矩行事，德国的母亲也是如此，早上起来时给孩子换一块尿布，然后就半天都不去管他，一直到了中午或下午才会再换一次。于是，宝洁公司的尿布相对于这样的情况显然是太薄了。可是我们香港的母亲却把婴儿的舒适当作头等大事，只要尿布湿了就会换上一块新的，一天不知道要换多少次，所以宝洁公司的尿布在这里就显得太厚了。

显然，宝洁公司的产品开发人员没有考虑到产品市场中不同地区之间的文化差异，在设计新产品的时候没有做好相应的准备工作，结果弄得怨声载道，使宝洁公司蒙受了不少经济损失。

产品开发人员只不过忽视了调研不同地域使用尿布的习惯，等待他们的就是无情的市场风险。曾经省下的调研成本，现在却要付出十倍、百倍甚至千倍的代价。

这就是凡事预则立，不预则废的道理。

每个人都懂得"有备无患""不打无把握之仗"的道理，几乎人人都有因准备而获得，亦因不准备而失去的经历。

虽然准备工作如此攸关成败，奇怪的是人们却普遍忽视它，即使有人认识到了准备的重要性，也很少能对它保持长久的热情。于是，"效率低下，差错不断"就成了较为普遍的现象。

我们可以看到，许多企业曾经辉煌一时，风光无限，最终却因漠视准备工作而只能各领风骚三五年。只有那些重视市场调研，具备危机意识，能够在生产、市场、资金、人力等各个方面进行充分准备的企业，才能将竞争对手远远地甩在身后。在企业中也有许多员工，他们整天忙忙碌碌，但因为缺乏准备而经常差错不断，很难把工作做到位。只有那些在工作中，不但积极主动、勤奋敬业，而且懂得准备是执行力的前提，是工作效率的基础的员工，才能成为企业中效率最高的人。

可以说，重视并善做准备，就能造就一个卓越的员工，一个一流的企业；而忽视准备工作，只能产生一个无能的员工，一个衰败的企业。

在职场中，许多员工经常因为做事没有准备而错失大好机会。其实，只要准备充分，后面的工作就能达到水到渠成的效果。比如销售人员每次会见客户前，把所有可能用到的资料准备好，并提前调查清楚对方公司的实际情况以及最新的动态，掌握第一手资料，尽可能了解详细。当一切准备就绪后，在会见客户时，就有了十分的把握。

同时，从客户的角度出发提出一些建议，为客户的利益着想，也是准备工作中需要考虑的因素之一。因为客户与企业的利益从某个角度上来说，是完全一致的。

带着思考去工作，培养"猎人式"的思考过程

杨春民是网通深圳市分公司业务支持中心工程师，他被誉为网通里的"思考者"，那是因为他无时无刻不在思考怎样才能更好地开展工作，如何使工作效率提高。

支持中心每个月都有一项任务，将该月出账的用户收入拆分到各营销中心。过去，这项工作是工作人员使用表格来处理，通常需要花费好几天时间，还经常出错，直接影响到对各营销中心的考核。

杨春民开始思考：工作不能一味埋头拉车，还要抬头看路。看看我们走的路有没有错，是否还有其他路，可以更省力更快捷。那么，现在能不能找到一个"数学公式"一样的东西将这些资料统一处理，提高效率呢？

他想到了数据库，利用数据库可以对众多繁杂的数字进行统一管理，并且查找方便、不易出错。于是，杨春民利用午休时间编制程序，协助收入拆分和佣金结算，利用数据库将所有用户的收入及其归属进行归档。账务组在这个程序的辅助下，提前3天准确完成各营销中心的收入拆分，大大提高了工作效率，并保证了公司经营分析数据的准确性和及时性。

思考是人类独有的能力。我们有思维意识，有认识和发现的能力，还有反应和构思的能力。我们通过思考、感悟和探寻而获取知识的能力构成和决定着我们工作的结果。杨春民就是用自己的思考来创造出高效率的工作。

在广告行业有这样一句话："只要能够想到，就能够做到。"在各行各业中，不管是创新者还是追求其他方面成功的人，这个道理都同样适用。

工作中疏于思考的直接后果就是工作方式变得单一、呆板，如果工作中总是安于现状，不求新，不求突破，思想懒惰，怎么能在忙碌的工作中获得成效呢？

在企业中，一些部门与员工的工作方法越来越雷同，毫无创意可言。造成这种现象的原因就是不爱思考。为什么不爱思考呢？恐怕是缺乏思考的动力与压力。不思考，照葫芦画瓢自然最省事省力，既然有现成的办法，大家都这样做，而且这样做最保险，谁还去找麻烦？对上有交代，对下有说法，同事之间也好看，谁还愿意动脑思考呢？

从某种程度来讲，工作就是一个思考的过程；工作取得进步，就是一个思考深入的过程。思考得多了，想到的方法自然就多了。当一个猎人打了一只兔子时，他就会想办法再去猎一头鹿；当他猎到一头鹿时，他就会想如何再猎到一头熊。而只有这样不断思考，不断寻找更好更有效的办法，才能成为一名优秀的猎人。工作中又何尝不是如此呢？

一名优秀的员工，愿意观察、控制和改变自己的思想，同时仔细探求自己的思想对自己、同事，以及自己的工作与环境的影响和作用，通过耐心的实践和调查将因与果联系起来；从自己的即使是微不足道的经历和日常发生的琐事开始思考，以此作为一种获取知识的途径。

公司所渴求的人才不只是一个具有专业知识的埋头苦干的人，更需要积极主动、充满热情、善于灵活思考的开拓型员工。一个合格的员工不是被动地等待别人告诉他应该做什么，而是主动去了解和思考自己要做什么、怎么做，并且认真地规划它们，然后全力以赴地去完成。

像风火轮一样爆发十足执行动力

巴德森是美国橄榄球运动史上一位伟大的橄榄球队教练。在他的带领下，美国绿湾橄榄球队成了美国橄榄球史上最令人惊异的球队，创造出了令人难以置信的成绩。看看巴德森的言论，能从另一个方面让我们对执行力有更深刻的理解。

靠谱：成为一个可信赖的人

巴德森告诉他的队员："我只要求一件事，就是胜利。如果不把目标定在非胜不可，那比赛就没有意义了。不管是打球、工作、思想，一切的一切，都应该'非胜不可'。""你要跟我工作，"他坚定地说，"你只可以想三件事：你自己、你的家庭和球队，按照这个先后次序。""比赛就是不顾一切。你要不顾一切拼命地向前冲。你不必理会任何事、任何人，接近得分线的时候，你更要不顾一切。没有东西可以阻挡你，即使是战车或一堵墙，无论对方有多少人，都不能阻挡你，你要冲过得分线！"

正是有了这种坚强的意志和顽强的信心，绿湾橄榄球队的队员们拥有了有效的执行力。在比赛中，他们的脑海里除了胜利还是胜利。对他们而言，胜利就是目标，为了目标，他们奋勇向前，锲而不舍，没有抱怨，没有畏惧。正是这种近乎完美的执行精神，使他们成为所有渴望在工作中有所成就的人的榜样。

喜欢足球的朋友都知道，德国国家足球队向来以作风顽强著称，因而在世界赛场上成绩突出。德国足球队成功的因素有很多，但有一点却是不容忽视的，那就是德国队队员在贯彻教练的意图、完成自己位置所担负的任务方面执行得非常得力，即使在比分落后或全队困难时也一如既往、全力以赴。你可以说他们死板、机械，也可以说他们没有创造力，不懂足球艺术。但成绩说明一切，至少在这一点上，作为足球运动员，他们是优秀的，因为他们身上流淌着执行力文化的特质。无论是足球队还是企业，或者一个团队、一名队员或员工，如果没有有效的执行力，就算有再多的创造力也不可能取得好的成绩。

那么，我们该如何打造有效的执行力呢？在工作中，要尽量养成以下三个习惯：

1. 用心去做

要取得好的执行效果，关键是用心去做。以发生在商场的一个小场景为例：

一位消费者在大卖场的货架前徘徊，想找一瓶蛋白质含量较高的奶粉，他看到一位服务人员在另一边整理货架。

"你好，我想找一罐蛋白质含量比较高的奶粉，请问可以在哪里找到？"

服务人员的反应可能有下列几种：

第一种，理都不理消费者，继续整理货架。

第二种，瞄消费者一眼，冷冷丢出一句话"不知道"。

第三种，客气地告诉消费者要找的东西在哪里。

第四种，服务人员立即停下手中的工作，聆听顾客描述产品需要，随即带他到奶粉货架前，拿下一种销量较好的高蛋白奶粉递给他，同时说："我想您挑选高蛋白奶粉，应该是想让您的宝宝长得更结实，我再推荐另外一种高钙的产品给您试试，可以让您的宝宝更健康。"

对工作专注用心是做好任何事情的前提条件，我们在执行工作任务时，要先把心思集中到如何快速、高效完成任务的思考上来。

2. 提高速度

执行力高低的一个衡量尺度是快速行动，因为速度现在已经成为决定成败的关键因素。当然快与慢是辩证的,因为快速执行并不是要求你为了达到目标而不计后果,并不是允许任何人为了抢速度而降低工作的质量标准。迅捷源自能力,简洁来自渊博。一个人要快速执行首先要建立在强大的思维能力基础之上。一个执行力强的人能够不断探寻业务模式和事物的因果关系,能够不断尝试从新的角度(同事角度、客户角度、竞争对手角度、公司角度、创造性角度)看问题。

3. 注重团队协作

我们的工作不是孤立的。要出色地完成上司交代的工作,必然依靠团队协作。一个高效的执行者是不会单枪匹马面对工作的,他会协同团队共同完成任务。

在执行的过程中,团队精神主要包含四个方面:

(1)同心同德。组织中的员工相互欣赏,相互信任;而不是相互瞧不起,相互拆台。员工应该发现和认同别人的优点,而不是突显自己的重要性。

(2)互帮互助。不仅是在别人寻求帮助时提供力所能及的帮助,还要主动帮助同事。反过来讲,我们也能够坦诚地乐于接受别人的帮助。

(3)奉献精神。组织成员愿为组织或同事付出额外努力。

(4)团队自豪感。团队自豪感是每位成员的一种成就感,这种感觉集合在一起,就凝聚成战无不胜的战斗力。

第四章　所谓靠谱，就是不断交付确定

能完成100%，就绝不只做99%

有一次，希望集团总裁刘永行去一家韩国面粉企业参观。然而就是这次普通的参观，给了他很大的刺激，回国后好几个晚上难以入眠。

这家面粉厂属于西杰集团，每天处理小麦的能力是1500吨，却只有66名雇员。一个只有几十名员工的小厂，其工作效率之高令刘永行惊叹不已。在国内，相同规模的工厂一般日生产能力只有几百吨，而员工人数却有上百人。

为了弄清楚其中的奥秘，刘永行与这家工厂的管理层进行了深入交谈，了解到他们曾在中国投资办过厂。当时日处理能力为250吨，员工人数却有155人。同样的投资人，设在中国的工厂与韩国本土的工厂生产效率居然相差6倍，效益自然不太理想，磨合了一段时间，觉得没有改善的可能性，就将工厂关闭了。

两家工厂的效率为什么有如此大的差距呢？是设备的先进程度不同还是管理方法有差别？当然都不是，韩国本土的工厂是20世纪80年代投入生产的，而与中国的合资厂却在20世纪90年代建设起来的，设备比原来的还先进。工厂的主要管理层基本上是韩国人，刘永行还遇到了那位曾在中国负责的韩国厂长。

怀着极大的好奇心，刘永行特意请教这位厂长："为什么同样的设备、同样的管理，设在中国的工厂却需要雇佣那么多员工呢？"

靠谱：成为一个可信赖的人

那位厂长回答很含蓄："也许是有些人干工作时落实不到位吧。"而正是这么一句轻描淡写的话，让刘永行回国后彻夜难眠。他知道，当着一群中国企业家的面，那位厂长的话已经是十分客气了。在这句平淡的回答背后，一定藏有许多难言之隐，一定有许多不为人知的管理问题。

仔细想一想，在我们身边的企业中，还有人存在"把自己的事情做得差不多就够了"的想法，所以我们的效率就低了。

也许对待一份工作只是差那么一点点，但效果可能就会有天壤之别。

在标准大气压下，水温升到99℃，还不是开水，其价值有限；若再添一把火，在99℃的基础上升高1℃，就会使水沸腾，并产生大量水蒸气来开动机器，从而获得巨大的经济效益。100件事情，如果99件事情落实了，就有1件事情未落实到位，而这1件事就有可能对某个单位、团队或个人产生100%的影响。

我们工作中出现的问题，经常是一些细节、小事落实得不够到位，而恰恰是这些细节的落实不到位，会造成很大影响。对很多事情来说，执行上的一点点差距，往往会导致结果上出现很大的差别。很多执行者工作没有落实到位，甚至相当一部分人做到了99%，就差1%，但就是这点细微的区别使他们在事业上很难取得突破和成功。

追求完美会让我们工作起来非常吃力，似乎永远看不到最终的目标。可是它对职场人来说很重要，自我满足就意味着停滞不前，一旦一个人自以为工作做得很出色了，他就会故步自封，难以突破自我，就会逐渐找不到自己的位置。

想让自己真正忙出成绩，就要随时思考改进自己的工作。如果工作落实不到位，那么一切都是空谈。

因此，在工作中，你应该以最高的规格要求自己。能做到最好，就必须做到最好，能完成100%，就绝不只做99%。

今日事今日毕，工作可以更容易

明日复明日，明日何其多。
我生待明日，万事成蹉跎。
世人皆被明日累，春去秋来老将至。
朝看水东流，暮看日西坠。
百年明日能几何？请君听我明日歌。

这是明代的一首《明日歌》，这首诗旨在告诫人们珍惜今日，珍惜当下，不要将事情拖到明日去做。

一日有一日的理想和决断。昨日有昨日的事，今日有今日的事，明日有明日的事。今日的理想、今日的决断，今日就要完成，一定不要拖延到明日，因为明日还有新的理想与新的决断。

拖延在人们的生活中随处可见，如果哪天你把一天的时间记录一下，会惊讶地发现，拖延耗掉了自己很多的时间。时间就这样被一分一秒地浪费了。其实，拖延就是纵容惰性，如果形成习

靠谱：成为一个可信赖的人

惯，它容易消磨人的意志，使你对自己失去信心，怀疑自己的毅力，怀疑自己的目标，甚至会让自己养成一种办事拖拉的作风，所以懒惰、拖拉是时间的天敌。

成功者为了打败拖延这个敌人，会给自己制订一张严密而又紧凑的工作计划表，然后像尊重生命一样坚决地去执行。

人们问富兰克林："你怎么能做那么多事呢？""您看看我的时间表就知道了。"富兰克林说道。他的作息时间表是什么样子的呢？5点起床，规划一天的事务，并自问："我这一天要做些什么事？"上午8点至11点、下午2点至5点，工作；中午12点至1点，阅读、吃午饭；晚6点至9点，吃晚饭、谈话、娱乐、检查一天的工作，并自问："我今天做了什么事？"

朋友劝富兰克林说："天天如此，是不是过于……""你热爱生命吗？"富兰克林摆摆手，打断朋友的话，"那么别浪费时间，因为时间是组成生命的材料。"

富兰克林说："把握今日等于拥有两倍的明日。"今天该做的事拖延到明天，然而明天也无法做好的人，占了大约一半以上。不能做好今天的事，就无法做大事，无法成功。所以，应该经常抱着"必须把握今日，一点也不可懒惰"的想法去努力才行。歌德说："把握住现在的瞬间，你想要完成的事务或理想，就要从现在开始做起。只有勇敢的人才会拥有天才的能力和魅力。因此，只要做下去就好，在做的过程当中，你的心态就会越来越成熟。那么，不久之后你的工作就可以顺利完成了。"

"要做，立刻就去做！""今日事，今日毕。"这是成功人士的格言，也应成为指导你今后行动的格言。今天有一篇文章要写，是吗？那就赶快离开电视，放下手机，到书房去完成它。今天接到一封朋友的来信，是吗？那就立刻打开它，认真阅读，然后回复，不要等到明天。

做个做事不拖延的人，做个对时间负责的人，记住：不要让明天为今天埋单。

绝对执行，不找任何借口

许多人都可能会有这样的经历，清晨闹钟将你从睡梦中叫醒，你虽然知道该起床了，可就是躺在温暖的被窝里不想起来——结果上班迟到，你会对上司说你的闹钟坏了。

又一次，你上班迟到，明明是你躺在被窝里不起来，却说路上堵车。

……

糊弄工作的人是制造借口的"专家"，他们总能以种种借口来为自己开脱，只要能找借口，就毫不犹豫地去找。这种借口带来的唯一"好处"，就是让你不断地为自己去寻找借口，长此以往，你可能就会形成一种寻找借口的习惯，任由借口牵着你的鼻子走。这种习惯具有很大的破坏性，它使人丧失进取心，让自己松懈、退缩甚至放弃。在这种习惯的作用下，即使是自己做了不好的事，你也会认为是理所当然的。

靠谱：成为一个可信赖的人

一旦养成找借口的习惯，你的工作就会拖拖拉拉，没有效率，做起事来就往往不诚实。

罗斯是公司里的一位老员工了，以前专门负责跑业务，深得上司的器重。只是有一次，他把公司的一笔业务"丢"了，造成了一定的损失。事后，他很合情合理地解释了失去这笔业务的原因。那是因为他的脚伤发作，比竞争对手迟到半个钟头。以后，每当公司要他出去联系有点棘手的业务时，他总是以他的脚不行，不能胜任这项工作为借口而推诿。

罗斯的一只脚有点不灵便，那是一次出差途中出了车祸引起的，留下了一点后遗症，根本不影响他的形象，也不影响他的工作，如果不仔细看，是看不出来的。

第一次，上司比较理解他，原谅了他。罗斯很得意，他知道这是一宗比较难办的业务，他庆幸自己的明智，如果没办好，那多丢面子啊！

但如果有比较好做的业务时，他又跑到上司面前，说脚不灵便，要求在业务方面有所照顾，比如就易避难，趋近避远，如此种种，他大部分的时间和精力都花在如何寻找更合理的借口上。碰到难办的业务能推的就推，好办的差事能争就争。时间一长，他的业务成绩直线下滑，没有完成任务他就怪自己的脚不争气。总之，把脚不灵便作为借口，他可以迟到，可以早退，甚至中午在公司就餐时，他还可以喝酒，因为喝点酒可以让他的脚舒服些。

有谁愿意要这样一个时时刻刻找借口的员工呢？罗斯被炒也是

在情理之中的事。善于找借口的员工往往就像罗斯一样，因为糊弄自己的工作而"糊弄"了自己。

要成功就不要找借口。不要害怕前进路上的种种困难，不要为自己的平庸寻找种种托词，也不要为自己的失败解释种种原因，抛开借口，勇往直前，你就能激发出巨大潜能，从而在前进的路上，披荆斩棘，直抵成功。

为什么军队要求"毫无保留地服从"？这是一个十分简单的道理。因为没有绝对服从的精神，就没有纪律，没有纪律的军队就没有战斗力，有效地完成任务则更无从谈起。

如果你看到过我们海军陆战队的训练和生活，让你体会最深的可能莫过于"服从"二字。

指挥员一声令下，队员立即无条件执行——

滂沱大雨中，士兵照常训练，执行口令不得有丝毫懈怠；

没有指挥员的命令，行进路上的水洼沟壑好像根本就不存在；

伞兵第一次跳伞训练时，每个人在机舱口都不得有一丝犹豫。

无论前面是生是死、是水是火，只要你是人民军队的一员，"毫无保留地服从"就是你的首要职责！

对于任何团体和组织，服从精神的重要性都不言而喻。职场中，我们的团队同样需要无条件地服从，包括对上级命令的服从，对下达任务的服从，对公司利益的服从。我们的身边常常有这样或那样企图推卸责任或拒绝服从命令的情况发生，是服从还是敷衍，这样的选择经常在一个人心头徘徊：

"这件事我不大清楚，请你问问别人。"

"老板,我星期六有事,您看看还有没有其他人选。"

"对不起,星期五下午我们不处理类似事务。"

"这个我不会。"

"学校里没教过这个。"

......

工作中,服从不仅是对上级命令的贯彻,它更多地表现为对工作任务积极接受的态度,意味着一个人具有不逃避责任、热情投入以及牺牲奉献的精神。它常常在我们的生活中以另一种姿态出现,那就是"敬业"。

工作要"赶",但不要"急"

有一个农夫挑着一担橘子进城去卖。天色已晚,城门马上就要关了,而他还有二里地的路程。这时迎面走来一个僧人,他焦急地走上前去询问:"小和尚,请问前面城门关了吗?"

"还没有。"僧人看了看他担中满满的橘子,问道,"你赶路进城卖橘子吗?"

"是啊,不知道还来不来得及。"

僧人说:"你如果慢慢地走,也许还来得及。"

农夫以为僧人故意和自己开玩笑,不满地嘀咕了两声,又匆忙上路了。他心中焦急,索性小跑起来,但还没跑出两步,脚下一滑,满筐橘子滚了一地。

僧人赶过来,一边帮他捡橘子,一边说:"你看,不如脚步放稳一些吧?"

农夫急于求成,一味求快,结果却恰恰相反。工作亦是如此,积极与速度并非同义词,速度与效率也往往不成正比,与其在手忙脚乱中浪费时间,不如张弛有度,井然有序地设计好每一步要踏出的距离。

工作是忙不完的,所以工作要"赶",但不要"急",应该忙中有序地赶工作。任何事积累到一定程度都会形成压力,心中背负着太多东西的人往往容易乱了分寸,无法静下心来理清思路,所以容易焦躁、抱怨,甚至愤怒。与其被忙不完的工作所驱使,不如在自己的能力范围之内,坦然面对,做得到的就去做,做不到的不强求。积极的职场人,总是能够将手头的工作理出大小内外、轻重缓急,从而按部就班,有次序地一件一件解决。

有一个小和尚,在树林中坐禅时看到草丛中有一只蛹,蛹已经出现了一条裂痕,似乎能看见正在其中挣扎的蝴蝶了。

小和尚静静地观察了很久,只见蝴蝶在蛹中拼命挣扎,却怎么也没有办法从里面挣脱出来,几个小时过去,小和尚依然坐在那里静静地看着。

这时候,护林人家的孩子跑了过来,看到地上挣扎的蛹,不由分说就捡起来将蛹上的裂痕撕得更大了,小和尚甚至来不及阻止。小孩子一边动手还一边埋怨和尚:"师父,你是出家人,怎么连点慈悲心也没有呢?"

小和尚无奈地叹了口气,说道:"你为何这般性急呢?蝴蝶还没有着急，你为什么这么鲁莽地改变它的生命呢？"

果然，当蝴蝶从蛹里出来之后，因为翅膀不够有力，飞不起来，只能在地上爬。

小孩本想帮蝴蝶的忙，结果反而害了蝴蝶，正是"欲速则不达"。由此不难看出，急于求成只会导致最终的失败。所以，我们不论是在工作中，还是在生活中，都不妨放远眼光，注重积累，厚积薄发，自然会水到渠成，实现自己的目标。

第五章

职场上，比聪明更重要的是靠谱

靠谱：成为一个可信赖的人

遇到靠谱的领导，才能有施展才华的舞台

跟对人是成功的基础，凡是成功者莫不始于此。跟对了人，从此事半功倍，阔步向前！而一旦跟错了人，就好比根基没打好，后天再努力，也只会事倍而功半，甚至是劳而不获，"投入"与"产出"严重背离。跟对人并不是指要在职场上选边站队，搞团团伙伙，而是要选好自己的职场榜样，树立正确的奋斗观和价值观，跟随自己的"职场导师"共同成长。

跟对了老板，是缘分，从此幸运和机会就不断敲开你的窗子；而跟错了老板，枉费青春不说，还有可能风险频发，甚至让你走上错误的道路。所以，一定要用这句话时刻警醒自己：宁可拜错神，不可跟错人！

田洁毕业于上海一所知名大学，实习结束后就来到北京找工作。一次偶然的机会，田洁进入了保险行业。通过公司的一系列培训，田洁开始了保险销售工作。因为勤奋好学，还有一个能力不错的经理做指导，第一个月田洁就做出了不错的业绩，仅半年时间，就挣了不少钱。这时意外发生了——田洁的经理要带他们集体跳槽去另一家保险公司工作，为了感谢经理对她的培养，田

第五章 职场上，比聪明更重要的是靠谱

洁决定跟他一起打天下。新公司的制度跟上一家不同，但因为有上司罩着，田洁很放心。可是过了一段时间，田洁就见不到经理和另一个跟她一起跳槽过来的同事了。后来才听说，原来经理被猎头挖到一家外企做主管了，只带走了那个能力较强的同事，却把她撇在了这家公司。田洁在新公司里感到很孤独，也适应不了公司的制度，接连几个月都没有一点业绩，不久她的新上司就向她下了"逐客令"。

职场上像田洁这样的人有很多，有的人跳槽是为了能有更高的工资，有的人是为了发挥自己的专长，有的人是为以后创业积累经验和关系。而田洁跳槽，是受其上司"煽动"，最后被上司"甩了包袱"，这种跳槽，往往是上司受益，跟随者遭殃。

可见，跟对人对一个职场人士来说，是至关重要的。

在生活中，我们经常会看到这样一些情景：有些人才华横溢，能力非凡，在学校他们是众多同学仰慕的"明星"，步入社会他们也会因为个人独特的魅力吸引众多关注的目光，但是他们中的多数人，最后并没有什么值得称道的建树，有的甚至很平庸。

这些人为什么会一事无成呢？关键是他们忽略了一个重要的客观因素——金子本身是不会发光的，只有在光的照射下，金子才会光彩夺目！这正如同一个有才华的人，空有其才华，却没有一个伯乐赏识他，给他提供发展和展示才华的舞台，那他最终的结果只能是"满腔才华付诸流水"，落魄一生。

另外还有一个奇怪的现象，那就是很多人并没有什么特质，他们也不像是能做大事的人，可最后他们却获得了巨大的成功，

究其原因，就是他们跟对了人。

前者没有跟对人，有才华也被埋没了；后者跟对了人，即使资质普通，却能出乎意料地取得惊人的成绩。

生活中类似的例子数不胜数，如果你细心观察就能发现，这个道理处处都在被验证着。我们平时看的电影、电视剧也常会出现这样的镜头：跟着正派人物，虽然受尽磨难，半生辛苦，但终会苦尽甘来，终有所成；而跟着邪恶势力，虽说耀武扬威，逞强一时，但最后多半毁在自己人手里，被自家人出卖，挡了枪口，背了黑锅！

跟对人至关重要！在职场上，对这一点千万不能掉以轻心！

职场最需要的就是跟对人，他是你事业上的一盏明灯，直接照亮你的职业前景，你的一生也将因此改变。如果在职场上遇到一个不好的老板，就好比半路遇到一只拦路虎，会让你职业生涯坎坷崎岖。业绩好的时候，他会把所有的功劳都算在自己的头上；业绩差的时候，他会把所有的责任都推给你。

所以，纵使你再有才华，也千万不要跟错人。

对老板也要精挑细选

一个人肚子里装满才华，就好比一家小店进满了货，进货的目的是为了卖出去，这就需要找到一个合适的老板，在"老板"财力和精神的支持下，小店才能经营得有声有色；而一个有才华的人也需要这样一位"识货"的老板，将肚子里的"才华"卖出去，唯有如此，有才华的人，才能找到用武之地，实现自己的人生理想。

如果你有货，找到的却是一位不"识货"的老板，小店就会货物滞仓，长此以往，"店将不店"，迟早关门歇业。将自己的"货"卖出去，一直卖到清仓，然后再进货、再清仓，你才有可能发展起来，职场上成功的人莫不是如此。

能否找到一位合适的老板，你的情况会有天壤之别。张飞在市井混日子时，结识过很多小流氓和小老板，靠卖猪肉为生，而跟随刘备以后，他才得以成为叱咤一时的大将。可见，选对老板跟对人，对于一个有才华的人来说是多么重要！

如何才能找到合适的老板跟对人呢？下面是几点建议，不妨作为选择老板的标准。

不要看学历高低，要选对商业经营有独到见解，对自己有坚强信心的人。你不是在选教授，不必一定选择高学历，因为只有他精于商场，在竞争中节节取胜，你才有可能从士兵升到将军。

不要看文化程度，要选求知若渴、孜孜以求的人。无知的人是最易满足的人，反过来讲，不满足的人往往见多识广，进步飞速。

上班比员工还准时的人。起码说明他对自己是负责的，如果对自己都不负责，如何对别人负责？

时间观念强的人。不因内部开会而迟到，也不虚假解释，在没有人敢对他指责的情况下，准时是他人品和素质的反映。

凡事坚持原则的人。奖励你有奖励你的原则，惩罚你也有惩罚你的标准，不以个人情绪和主观好恶为转移。奖惩分明才能打造一支队伍。

心胸坦荡，不计较针针线线的人。一个老板要能容人，容不得人如何带领千军万马？

有胆量和魄力的人。什么叫胆量？就是别人不敢他敢，做事果断，雷厉风行，当然违法犯罪的事除外。什么叫魄力？就是别人只想着做1万元的事，他却想着做100万元的事，当然要排除空想主义者。画饼充饥、只一味许诺却从不实现的人不要跟。

不妒贤嫉能的人，永远能够看到别人优点的人是首选的对象。有种人看见别人好，自己就睡不着觉；看见别人不行，又在那儿骂骂咧咧，永远是别人不对。跟着这样的人，你永远没有出头之日。

不大方，也不小气的人。该花的，花多少也不吝惜；不该花的，一个钉子也要从地上捡起来。

这只是几点建议，究竟如何选择最适合你的老板，就像如何选择最适合你的对象一样，没有统一的标准。要想选对老板，最后还要看你的眼力了。

最大的靠山是自己能创造价值

每一个职场成功人士，每一个创业者，在回顾自己的成长经历时，都会感谢一些人对自己的知遇之恩，都会说到在职场成长的关键节点，得到一些前辈的鼎力相助，或让他们拨云见日，或让他们东山再起。

所以，在职场中为自己找好靠山很重要，但更重要的，是让自己有足够的价值。另外，这个靠山不是公司里的"仗义大哥"，不是搞小团伙，而是找一个能带领你成长，能给你业务上指导和帮助的职场领路人。他了解你、信任你，并且能够带动你、激励你、培养你。

1. 能帮助上司完成工作，是典型的下属价值

完成上司交代的工作，并不是专指办公室里的公事。公事对于每个人来说，都是必须完成的基本作业，但如果上司觉得你有价值，就会让你做一些公事之外的事，这也从侧面反映了上司对你有相当的信任度。

年轻人应该摒弃那种"公司付给我工资就是让我做工作的"观念。如果你真的需要上司的信任，还有雄心大志的话，就应该把上司交给你的份外之事当成正事来办。

而办成一件上司专门交代而工作，抵得上做好十件普通业务工作。一个真正的职场高手，在遇到上司派给他的份外之事时，从不会推脱，反而会加倍用心地做好。

2. 忠诚且能独当一面，是最硬的底牌

并不是每个人都能做上司的得力助手。在职场上，绝大部分人都没法获得上司如此深厚的信任，所以要让自己变得更有价值，唯一的方法就是在事业上独当一面。

当你可以独当一面，能够把上司安排的事情完成得妥妥帖帖

时，你的价值也就体现出来了。但一个有能力的人，并不一定是有价值的。所谓恃才傲物的人，不管去哪里都会遭人嫉恨。同事争斗自不必说，上司也一定会连番打压。

任何上司都会喜欢既忠诚又能独当一面的人才。若你可以做到这两条，便可屹立职场不倒。这时候即便上司离开这个岗位，再换多少个上司，也不会危及你在公司的地位。

与其强求公平，不如突破自己

很多职场新人总是难以及时调整心态，他们经常心怀不满，或者私下抱怨"这不公平"，或者认为"凭什么你可以那么做而我不可以"，这种状态就跟翠平最初被派来潜伏时的心理状态一模一样。

职场新人习惯要求公平合理，应当说这并不是一种错误的想法，但是如果因为不能获得绝对公平，就产生一种极度消极的情绪，甚至影响到你的生活和工作态度，这个时候就要注意了。

你需要知道，这本来就是个不公平的世界。

这个世界不是根据公平的原则而创造的，譬如，鸟吃虫子，对虫子来说是不公平的；蜘蛛吃苍蝇，对苍蝇来说是不公平的；豹吃狼、狼吃獾、獾吃鼠、鼠又吃……只要看看大自然就可以明白，这个世界并没有绝对的公平。我们在社会生活中有时也会遇到一些貌似不公平的事情，比如现在的就业难问题，很多拥有高学历的大学生在找工作时还不如一些低学历的技术人才有竞争力。参照他们寒窗苦读所花费的财力和精力，这样的现状可能会让他们产生一种不公平的感受。而只有能够及时摆脱"不公平心理阴影"的人，才能更快地在职场上获益。

张君大学毕业后在一家小公司里谋得一份业务员的工作，她的上司们都比她的学历低。其中一个心胸狭窄的上司老是找茬，对她颐指气使，好朋友听说了她的状况后很为她鸣不平。但张君并不计较，因为她懂得：一个人只有把自己的心理期望放低，用一颗平常心学会忍耐，才能在这个社会上立足，才会取得事业的发展。面对刁钻的同事和无理取闹的客户，她时刻提醒自己：我是在学习，我要坚持。她咬紧牙关，忍受着各方面的压力，在一次次的挫折中总结经验，积攒力量。两年后，凭借着出色的业务能力和敬业的态度，她成为该公司的业务经理。

当我们没有意识到或不承认生活并不公平时，我们往往怜悯他人也怜悯自己，而怜悯是一种于事无补的失败主义情绪，它只能令人感觉自己现在很糟糕。我们不能改变世界的不公平，但我们可以改变自己的态度。面对生活中的种种不公正，关键在于你能否以一颗平常心去面对。

承认不公平的一个好处是能激励我们尽己所能，而不再自我伤感。我们承认没有绝对公平这一客观事实，并不意味着自暴自弃的开始，正因为我们接受了这个事实，才能放平心态，找到属于自己的人生定位。**认清现实是第一步，接受现实是第二步，然后才有改变现实的可能**。在这个过程中，抱怨与不满只会增加你获得成功的成本与时间。

所以，要求什么也别要求绝对公平。与其把时间与精力浪费在要求绝对公平上，不如突破自我，通过你的努力变成更有能力和价值的人。

用心，才能升职加薪

工作需要用心去思考，想升职加薪更需要你带着思考做事。认真做事只是把事情做对，用心做事才能把事情做得更好。

在零售店工作的孙罗一直认为自己非常优秀，他每天都保质保量地完成自己应该做的事——记录顾客的购物款。于是，孙罗向经理提出了升职的要求，没想到经理拒绝了他，理由是他做得还不够好，孙罗非常生气。一天，孙罗像往常一样，做完了工作和同事站在一边闲聊。正在这时，经理走了过来，他环顾了一下周围，示意孙罗跟着他。

孙罗很纳闷，不知道经理"葫芦里卖的什么药"。经理一句话也没说，开始动手整理那些订出去的商品。然后，他走到食品区，开始清理柜台，将购物车清空。

孙罗惊讶地看着经理的举动，过了很久才明白其用意：如果你想获得加薪和升迁的机会，你就得永远保持主动做事的精神，哪怕你面对的是多么无聊或毫无挑战性的工作，"自动自发"的精神也会让你获得更高的成就。

"一天的思考胜过一周的蛮干"，每个公司都希望自己的员工能主动工作，带着思考工作。对于发指令才会动一动、只知机械完成工作的"应声虫"是没有人会欣赏的，更不会把他提拔到更高的位置。如果能准确理解公司的期望和需求，并主动加上本身的智慧和才干，把各项任务做得比公司预想的还要好，那么加薪、升迁也将指日可待。

因此，在接到一项明确的任务后，如果在公司的要求之外，有另外一条更好的途径可走，最好能主动请示领导，并积极改进工作方法。用心去工作，并非简单地把上司交给你的活干完就行了，而是尽量把它做到最好，做得超乎预料。

正如罗丹说："工作就是人生的价值、人生的欢乐，也是幸福之所在。"

工作是展示自我、实现自我的舞台。不善待自己的工作，不用脑思考，不用心做事，在这个舞台上，我们的演出就无法获得鲜花和掌声。工作要拒绝"等、靠、要"，要自动自发，积极主动，全力争取，我们一定可以将事情做得更漂亮。

速度很重要，但不是一切

阿尔伯特是美国的演说家及作家，每周都要乘飞机或者火车到世界各地去采访、演讲。有一次，他应邀到日本去演讲，搭乘大阪往东京的新干线，快到横滨时，铁路出现故障，被迫停车等待。列车长在车内广播："各位旅客，对不起，由于铁路临时出现

靠谱：成为一个可信赖的人

了故障，要暂停20分钟左右，请各位旅客稍候，谢谢！"阿尔伯特是个急性子，刚开始有一些烦躁不安，火车停驶20分钟，对于一个注重效率，时间又十分宝贵的人来说，无疑是一个重大损失。

但是20分钟过去，并且都快30分钟了，火车一点儿要发动的迹象也没有。正当他越来越焦躁不安时，列车广播又再度响起："很抱歉，请各位旅客再稍候一会儿。"就在这时，阿尔伯特心想，焦躁也无济于事，不如找些别的事做。

阿尔伯特在看完手边的报纸、杂志和书后，就拿出放在包里很长时间的《时事周刊》开始阅读。车内的乘客，大概有很多是事务缠身的人，他们焦躁地到处走动，向列车长询问一些事情。

阿尔伯特回忆这次特别的经历时说："火车由原先预定的停车等待20分钟，变成1个小时、2个小时，最后停了3个小时，因此抵达东京时，我几乎看完了那本报道前总统卡特的《时事周刊》。假如火车依照时间准时到达东京，或许我就无法获得有关前总统卡特的详细知识。我是一个没有'游戏'和'从容'心态的人，可以预想这3个小时，除了焦躁不安，不断抽烟外，就没有什么事好做了。"

阿尔伯特是现代效率社会的佼佼者，这一点从他蒸蒸日上的事业和忙碌的身影就可以看得出来，然而自从他有了火车上的这次经历之后，他懂得了一个道理：一个人要及时地从社会以及身边人营造的追求效率的氛围中走出来，以一种从容的心态来面对自己的工作，不要时刻都让效率之弦绷得太紧，否则就容易为自己带来过多的压力和挫败感。这样，工作就成了摆脱不掉的包袱，那时也就毫无效率可言。

一旦染上了这种"速度病"，我们就会迷失在毫无间隙的忙碌之中，失去清醒的头脑和必要的理智。为了准时完成任务总是疲于奔命，最终发现自己越来越力不从心，工作中错误百出，这时才后悔莫及："要是我当时多花点时间就好了。"

现代人一味强调高效，却忘记了该如何等待，从周一到周五时刻忙碌着。而这些追求所谓的能带来充实感的忙碌，实际上是在为自己制造慌乱，因为这种要求自己越快越好的压力使现代人变得越来越浮躁。

大多数人认为问题出在时间的紧迫上，但事实上，是速度控制了我们的工作和生活。

整天忙碌并不一定有效率，效率和花费的时间并不一定成正比。强迫自己工作、工作、再工作，只会损耗自己的体力和创造力。如果你对所有日常运作的事务都过度投入，很可能会迷失方向，为了真正提高工作效率，与其一味追求速度，不妨放慢脚步好好享受一下工作。

远离个人英雄主义，与团队共进退

在非洲大草原上，生活着一群大象。它们相依为命，别看身形庞大，但是它们的生存能力并不像它们的身形一样强大。

靠谱：成为一个可信赖的人

有一年夏天，雨水很少，而大象却需要很多水。它们生活的地方已经没有多少水了，它们必须找到新的水源。这一群大象开始了流浪，因为它们也不知道哪个地方水更多。

在它们寻找水源的时候，一头母象产下了一头小象。这群大象都很开心，它们不时发出喜悦的叫声。但是，母象却很担心，因为它担心小象支撑不到找到水的那一天。非洲的夏天十分炎热，大象们无精打采地走啊走，它们已经没有多少力气了。

很多大象慢慢地倒下了，还有一些大象悄悄地离开了象群，因为它们不忍心让别的大象看到自己死去的样子。

这些大象找到水，就让小象喝，因为小象比它们更虚弱。但是，每一次找到的水都太少了，小象没喝几口，水就没了，所以很多大象一直都没有水喝。

大象群里的大象越来越少了，但是剩下的大象并没有放弃，一旦找到充足的水源，它们就得救了。

在自然界，对团队的生存负起责任能够使动物的世界生生不息，人类对团队的发展负起责任则让生生不息的人类更加繁荣昌盛。只有依靠团队，个人才能获得成功。

对团队负责和对自己负责并不矛盾。一个人只有对团队负责，才能保证自己的工作与团队的工作方向保持一致，才不会为了个人利益而扯团队的后腿，才不会去做无用功，费力不少却对公司没有一点用处。如果你完成一项工作后，对公司整个计划起不到促进作用，甚至因为你而影响到组织执行力的发挥，那你还能说是对自己的工作负责吗？显然不是，应该是失职。所以，对

第五章 职场上，比聪明更重要的是靠谱

团队负责就是对自己负责，两者是相辅相成的。

陈忠远是一家营销公司的优秀营销员。他所在的部门，曾经因为团队协作的精神而十分出众，也让每一个人的业务成绩都在公司处于前列。

后来，这种和谐而融洽的合作氛围被陈忠远破坏了。

前一段时间，公司高层把一个重要项目安排给陈忠远所在的部门，陈忠远的部门经理反复斟酌考虑，犹豫不决，最终没有拿出一个可行的工作方案。而陈忠远则认为自己对这个项目有十分周详而又容易操作的方案。为了表现自己，他没有与部门经理磋商，更没有向部门经理提出自己的方案。而是越过他，直接向总经理说明自己愿意承担这项任务，并向他提出了可行性方案。

他的这种做法严重地伤害了上下级关系，破坏了团队精神。结果，当总经理安排他与部门经理共同操作这个项目时，两个人在工作上不能达成一致意见，产生了重大的分歧，导致团队内部出现了裂痕，团队精神涣散了。项目最终也在他们手中流产了。

由于陈忠远存个人英雄主义，缺少团队精神，让一个原来能够精诚合作的团队吃了败仗。

一个人的成功是建立在团队成功基础上的。一个人能力再强，也只有当他融入团队后才能发挥出最大的力量。背靠着团队的强大力量，个人的忙碌才不会变成杯水车薪，才能忙到点子上，才能把每个人的力量汇聚成像大海一般的能量。

一个人只有从团队的角度出发，考虑问题，才能获得团队与个人的"双赢"。

靠谱：成为一个可信赖的人

成功人士的秘诀：敬业是员工最大的能力

某调查机构曾经对美国排名前200位的企业总裁进行调查，问卷当中有这样一个问题：在你碰到过的成功人士当中，以下哪个方面是他们成功的主要原因？

A. 人际关系

B. 决心

C. 敬业

D. 知识

E. 运气好

有40%的受访者选择"敬业"，选择"决心"的有38%，两者合起来占到了78%。有人问爱迪生成功的秘诀是什么，爱迪生回答说："我为了解决一个问题，会持续不断地努力，投入无数的精力和体力而不会感觉疲倦，这就是我成功的秘诀。"

由此我们看到，这些杰出人士成功的秘诀就是敬业。

20世纪50年代初，有一位叫柯林的年轻人，每天很早就来到卡车公司联合会大楼找零工做。当时，一家可乐工厂需要人手去擦洗工厂车间的地板，其他人没有一个应征的，但柯林去了。因为他知道，不管做什么，总会有人注意的！所以他打定主意，要做最好的擦地工人。

有一次，有人打碎了几箱汽水，弄得满地都是黏糊糊的泡沫。他很生气，但还是耐着性子擦干净地板。

第五章　职场上，比聪明更重要的是靠谱

第二年他被调往装瓶部，第三年升为组长。

他从这次经历中学到了一个重要的道理："一切工作都是光荣的。"他在回忆录中写道："永远要尽自己最大的努力，因为一直有眼睛在注视着你。"

许多年以后，全世界的目光都凝注在他的身上——美国前国务卿柯林·卢瑟·鲍威尔。

美国哈佛大学对1000名成功者的研究发现，促使这些人成功的因素中，积极、主动、努力、毅力、乐观、信心、爱心、责任心……这些态度因素占到了80%左右。由此可见，无论你选择何种工作，成功的基础都是你的敬业态度。一个人的敬业态度决定了他在职业上的成就。

有一个集团公司的行政总监，在他成为行政总监之前，不过是公司行政部的一名普通职员。从他进入公司那一天起，他就非常努力、敬业，总是主动承担责任。很多工作虽然不是他分内的事，但他还是主动做得尽善尽美。他每天第一个到办公室，最后一个离开。虽然没有人承诺给他加班费，但他还是经常加班，为的是不让工作拖到第二天。他总能提前完成主管交办的工作，并且做得很好。

他这样做的时候，自然也有同事嘲讽他，但他没有在乎这些人的嘲讽，依然坚持自己的工作态度和做事原则。因为他做得多，对公司的了解也就越来越多，掌握的技能也越来越多，公司也就越需要他。

对于他的表现，部门经理看在眼里，总经理也看在眼里。总

靠谱： 成为一个可信赖的人

经理在交代了一两件事让他处理之后，对他产生了信任，之后便交给他更多的任务，并有意让他参与公司的一些重要会议。有同事对他说："总经理增加你的工作，你应该要求加薪。"但他没有要求加薪。他知道自己已经得到很多——他在很多方面其实已经超过同部门的老员工，这种收获绝对不是薪水所能换来的。

总经理给他增加任务实际上是在考察和培养他。总经理早对原来的行政总监不满，那个行政总监年龄虽不大，却一副老气横秋的样子，自负傲慢又不肯承担责任，出了问题总为自己找一大堆借口。

在经过一段时间的考察和培养后，总经理做出决定——解聘原来的行政总监，让这个普通的职员取而代之。人事任命一公布，整个集团为之哗然。人们开始议论纷纷，这时总经理说出了自己的看法："这个年轻人身上有一种最宝贵的东西，正是我们公司所需要的，且是很多员工所缺少的，那就是勤奋、敬业和忠诚。我承认他的管理能力和经验都有所欠缺，文凭也不高，但只要有勤奋、敬业和忠诚的工作态度，就什么都学得到。我相信他一定能够胜任行政总监的工作。"

事实证明，总经理的决定一点也没有错，这个年轻人只在刚上任的一两个月里感到有点吃力，之后就表现出了游刃有余的愉快神情，因为他勤奋、敬业和忠诚。

第六章

所有的幸运,
都是靠谱的结果

靠谱：成为一个可信赖的人

幸运大多不是因为巧合

生活中，不少人总会眼红别人挣了大钱，眼红别人升职加薪，觉得他们是幸运儿，但他们真的是因为命运的眷顾吗？

有这样一位农村妇女，她只认识自己的名字，丈夫早逝，她带着两个孩子艰难地生活，她曾经摆过地摊……经历了无数的艰辛，可是数年之后，这位女性却创建了资产10多亿元的民营企业，她就是"老干妈"陶华碧。

陶华碧因为家里穷，很小的时候就外出打工。1989年，她用省吃俭用攒下的钱开了一家卖凉粉和凉面的小店，生意不错。但是有一天，她自制的用来拌凉面的辣椒酱用完了，而客人听说没有辣椒酱转身就走了。这件事情对她触动很大，她感觉到客人都是冲着她的辣椒酱来的，就在此时，她看准了自制辣椒酱的潜力。经过几年的反复试制，她制作的辣椒酱风味更加独特了。很多客人吃完凉粉后，又掏出钱来买一点辣椒酱带回去，甚至有人不吃凉粉却专门来买她的辣椒酱。到了后来，她的凉粉生意越来越差，可辣椒酱却做多少都不够卖。经过细心观察，陶华碧发现很多凉粉店用的是自己的辣椒酱。她很气愤，但是也萌发了专门生产辣椒酱的心思。于是，1996年7月，她招聘了40名员工，办了个食品加工厂，专门生产辣椒酱，名字为"老干妈辣椒酱"。

如今，老干妈辣椒酱畅销全国，独特的风味让很多人都成了它的忠实购买者。可当初老干妈辣椒酱却只是陶华碧卖凉面时的作料，为什么这样一瓶小小的作料却能让"老干妈"一夜蹿红呢？其中一条就是善于抓住机会。

当我们每天守着有限的工资喊自己没有机会的时候，当我们总是抱怨钱不够花的时候，当我们认为自己事事倒霉的时候，想想陶华碧当初的条件吧！她的转变不在于她当初是谁，而是她能抓住什么。在每个人的生活中，每时每刻都可能与机会擦肩而过，有的人抓住了机会，而有的人对机会视而不见。

所以，不要抱怨自己没有别人命好，要用心去捕捉每一次机会，幸运离你才不会太远。

细致观察带来幸运

很多时候，一个人的成败就取决于某个被忽略的细节，许多看上去可以忽略不计的细节，却可能影响着你的幸运和命运。

某城市同一个地区，有两个报童在卖同一种报纸，二人暗暗竞争。

第一个报童很勤奋，每天沿街叫卖，嗓门也响亮，可每天卖出的报纸并不是很多，而且还有减少的趋势。

第二个报童除去沿街叫卖外，他每天坚持去一些固定场合，给大家分发报纸，过一会儿再来收钱。地方越跑越熟，报纸卖出去的也就越来越多，当然也有些损耗，但很小。渐渐地，第二个报童的报纸卖得越来越多，第一个报童能卖出去的就更少了，不得不另谋生路。

为何会如此呢？其实，第二个报童的做法大有深意：

第一，在一个固定地区，对于同一种报纸，读者客户是有限的，买了我的，就不会买他的，我先把报纸发出去，这些拿到报纸的人肯定不会再去买别人的报纸。等于我先占领了市场，我发得越多，别人的市场就越小。这对竞争对手的利润和信心都构成打击。

第二，报纸不像别的消费品有复杂的购买决策过程，随机性购买多，一般不会因质量问题而退货。而且钱数不多，大家也不会不给钱，今天没零钱，明天也会一起给。

第三，即使有些人看了报，退报不给钱，也没什么关系，一则总会积压些报纸，二则他已经看了报，肯定不会去买别人的报纸，还是自己的潜在客户。

其实，小到个人，大到国家，无论生活、工作，还是未来的发展，许多关键问题就包含在一些小事、细节之中。

李健很难忘记他的那次求职经历：当和另外一名对手闯到最后一关时，我对最终取胜充满信心。奇怪的是，负责招聘的公司总经理并未提问，而是带领我和对手去另一家公司签单。距要去的公司只有一站路，总经理建议乘公共汽车去，并递给我俩每人一张5角钱的纸币，嘱咐每人买自己的票。

票价4角钱，因缺少零钱，公共汽车乘务员已养成收取5角

第六章 所有的幸运，都是靠谱的结果

钱的习惯，我也没有索要应找回的1角钱，总觉得为1角钱开口太丢面子。没想到，我的对手却向乘务员索要找零。乘务员轻蔑的眼神如刀一般切割了几眼我的对手，才递出1角钱。一旁的我，幸灾乐祸地想，对手的"财迷"表现或许将让他落败。到站下车后，总经理拍着对手的肩说："你被聘用了！只有懂得维护自己权益的人，才能够维护公司的利益。"

那些幸运的人，并不比我们聪慧多少，只不过比我们更加注意细节而已，而生活中许多机会就隐藏在细节之中。

一个细节的疏忽可能导致你的失败，同样，细节也可能孕育着成功。在工作和生活中，细节无处不在，只有认识它、注意它的人，才能给自己带来成功的机会。

等待机遇的垂青不如去创造机遇

两个青年一同开山，一个把石块砸成石子运到路边，卖给建房的人；另一个直接把石块运到码头，卖给杭州的花鸟商人。因为这里的石头总是奇形怪状，他认为卖重量不如卖造型。3年后，第二个人成了村里第一个盖瓦房的人。

后来，不许开山，只许种树，于是这里就成了果园。等到秋天，漫山遍野的鸭梨招来了八方商客，他们把堆积如山的鸭梨成筐成筐地运往北京和上海，然后再发往韩国和日本。因为这里的鸭梨汁浓肉脆，纯美无比。就在村里人为鸭梨带来的小康生活

靠谱：成为一个可信赖的人

欢呼雀跃时，卖石头给花鸟商人的那个村民卖掉果树，开始种柳树。因为他发现，来这里的客商不愁买不到好梨，只愁买不到盛梨的筐。5年后，他成了第一个在村里盖楼房的人。

再后来，一条铁路从这里贯穿南北，村里的人上车后，可以北达北京，南抵九龙。小村与外界的连接更加紧密，果农也由单一的卖水果开始谈论果品的加工及市场开发。就在一些人开始集资办厂的时候，卖石头给花鸟商人的村民在他的地头砌了一堵3米高、20米长的墙。这堵墙面向铁路，背依翠柳，两旁是一望无际的万亩梨树。坐火车经过这里的人，在欣赏盛开的梨花时，会突然看到4个大字——可口可乐。据说，这是五百里山川中唯一的一个广告。那面墙的主人凭着这堵墙，第一个走出了小村，因为他每年有几万元的额外收入。

20世纪90年代末，日本丰田汽车公司亚洲代表山田信一来华考察。当他坐火车路过这个小村时，听到这个故事，他为主人公的商业头脑所震惊，当即决定下车寻找这个人。当山田信一找到这个人的时候，他正在自己的店门口跟对门的店主吵架。因为他店里的一套西装标价80元时，同样的西装对门标价75元；他标价75元时，对门就标价70元。一个月下来，他仅批发出8套西装，而对门却批发出几百套。山田信一看到这情形，以为被讲故事的人骗了。但当山田信一弄清楚事情的真相后，立即决定以百万年薪聘请他，因为对门那个店，也是他的。

机遇在于人们去创造。这位身处小村的村民，凭着敏锐的智慧和开拓精神，实现了自己的理想！机遇虽是超乎人类能力的力量，但人在机遇面前，不是被动的、消极的。许多成就大事的人，更多的时候是积极地、主动地去争取机遇，创造机遇。

伟大的成就和业绩，永远属于那些富有奋斗精神的人们，而不是那些一味等待机遇的人们。因此，要善于把握生活中的每一个契机，创造机遇，才能得到机遇的垂青。

每一次挑战都是机遇

任何逆境都孕育着机遇，而且这种机遇的潜能和力量是十分巨大的。为什么逆境也能够产生机遇呢？因为顺境和逆境在一定条件下是可以转化的。客观环境本身是无情的，但也是公正的，它对所有人都一视同仁。环境虽然不以人的意志为转移，但是人对于环境却有主观能动性。每个人都可以努力去改变环境，到一定时候，逆境也可能转化为顺境，也就是说，人在逆境中，也能获得幸运，获得成功的机遇。

摩根生于美国康涅狄格州哈特福德的一个富商家庭，他生活在传统的商人家族，经受着特殊的家庭氛围与商业熏陶，摩根年轻时便敢想敢做，颇具投资意识和冒险精神。1857年，摩根从哥廷根大学毕业，进入邓肯商行工作。一次，他去古巴哈瓦那为商行采购鱼虾等海鲜归来，途经新奥尔良码头时，他下船在码头一带兜风，突然有一位陌生人从后面拍了拍他的肩膀，问道："先生，想买咖啡吗？我可以半价出售。"

靠谱：成为一个可信赖的人

"半价？什么咖啡？"摩根疑惑地盯着陌生人。

陌生人马上自我介绍说："我是一艘巴西货船船长，为一位美国商人运来一船咖啡，可是货到了，那位美国商人却已破产了。这船咖啡只好堆在仓库……先生，您如果买下咖啡，等于帮我一个大忙，我情愿半价出售。但有一条，必须现金交易。"

摩根跟着巴西船长一道看了看咖啡，成色还不错。想到价钱如此便宜，他毫不犹豫地决定以邓肯商行的名义买下这船咖啡。然后，他兴致勃勃地给邓肯发出电报，可邓肯的回电是："不准擅用公司名义！立即撤销交易！"

摩根勃然大怒，不过他又觉得自己太冒险了，邓肯商行毕竟不是他摩根家的。自此，摩根便产生了一种强烈的愿望，那就是开自己的公司，做自己想做的生意。

无奈之下，摩根只好求助在伦敦的父亲。父亲吉诺斯回电同意他用自己伦敦公司的账户偿还邓肯商行的咖啡欠款。摩根大为振奋，索性放手大干一番，在巴西船长的引荐之下，他又买下了其他船上的咖啡。

摩根初出茅庐，做下如此一桩大买卖，实在太冒险。但上帝偏偏对他情有独钟，就在他买下这批咖啡不久，巴西出现了严寒天气，一下子使咖啡豆出现大面积减产。这样，咖啡价格暴涨，摩根大赚了一笔。

从咖啡交易中，吉诺斯认识到自己的儿子是个人才，便出了大部分资金为儿子办起摩根商行，供他施展经商的才能。

摩根正是因为勇于挑战，给自己创造机会，才能最终与幸运

相遇，获得成功。我们的人生就是由一连串机遇串联而成的。一个幸运的人，会抓住人生中的每一次机会，勇于挑战，让它们连接成人生最美丽的画卷。

每一次挑战，都是给自己的一次机遇。世界上没有一件可以完全确定或保证成功的事，成功的人与失败的人，他们的区别并不完全在于能力高低或运气好坏，而在于是否相信判断，是否具有适当冒险与采取行动的勇气。

多尝试才会有机会

以前，有一个人经常出差，但是经常买不到坐票。可是无论长途短途，无论车上多挤，他总能找到座位。他的办法其实很简单，就是耐心地一节车厢一节车厢找过去。这个办法听上去似乎并不高明，但却很管用。每次，他都做好了从第一节车厢走到最后一节车厢的准备，可是每次他都用不着走到最后就会发现空位。他说，这是因为像他这样锲而不舍找座位的乘客实在不多。经常是在他落座的车厢里尚余若干座位，而在其他车厢的过道和车厢连接处却人满为患。

这位乘客的幸运，就在于他愿意多尝试。他说，大多数乘客轻易就被一两节车厢拥挤的表面现象迷惑了，不去细想在数十次停靠之中，从火车十几个车门上上下下的流动中蕴藏着多少提供座位的机遇；即使想到了，他们也没有那份寻找的耐心。眼前一

靠谱：成为一个可信赖的人

方小小立足之地很容易让大多数人满足，为了一个座位背负着行囊挤来挤去，有些人觉得不值。他们还担心万一找不到座位，回头连个好好站着的地方也没有了。与生活中一些安于现状、不思进取、害怕失败的人一样，这些不愿主动找座位的乘客大多只能在上车时最初的落脚之处一直站到下车。

日本象棋第十五代名人大山康晴说："当你认为已经必死无疑时，却经常有起死回生的情形出现。"因此，一直到最后关头都不要轻言放弃，要在黑暗之中努力寻觅一线曙光的机会。他说出了一段亲身体验：

照相机闪光灯的闪烁和声响，使即将战败的我，重燃起一股奋战到底的勇气，究竟为什么，我也已经不记得了。我咬紧嘴唇，心想或许还有一线生机。时间只剩下最后一个多小时，在专家看来此局胜负已成定势，休息室的观众大多也判定"大山败北"，只有我还在埋头苦想。我此时以旁观者的身份来看自己是否能战胜自己……我可以感觉到旁观者都认为我输定了。

观战者在一旁窃窃私语，都在谈论着："大山这家伙怎么还不投降！"但是我的敌人是自己，对于高岛八段一轮猛烈无比的进攻，我都咬紧牙关硬撑了下来，时间一分一秒地流逝，高岛八段的一连串攻击似乎未见成效，而在频繁的攻击中也忽略了许多不起眼的要点，最后在疲劳的拖累下，他开始显得焦躁不安。

反正我是输定了，我想。在长时间的焦躁情绪中，高岛八段终于犯下大错。在残余的时间内，我们两人形成了平分秋色的局面。最后，高岛八段终于弃子认输。

本来是一面倒的局势,却因为采取哀兵必胜的策略,最后关头终于反败为胜。当时与其说是因赢得胜利而高兴,倒不如说是因为战胜自己而雀跃不已。

这是大山康晴回想他在第十四期名人赛中与挑战者对弈的情形,那份惊人的耐力,充分显示出大山康晴坚韧不拔的个性。当事情愈来愈困难时,当失败如排山倒海般压过来时,大多数人会放手离开,只有意志坚强的人才能够坚持到底,不轻易言败;而最后的胜利,也往往属于这些意志坚强的人。

所以,无论做什么,轻易放弃是不会取得成功的。有时候,多坚持一会儿就会有奇迹出现,多坚持一会儿就能够反败为胜。

绝望的时候试着给自己一次机会

在日本有一个学业优秀的青年,去一家大公司求职,结果没有成功。这位青年得知这一消息后,深感绝望,生了轻生之念,幸亏抢救及时,自杀未遂。不久传来消息,他的考试成绩名列榜首,是统计考分时电脑出了差错,他被公司录用了。但很快又传来消息,说他又被公司解聘了,理由是一个人连如此小的打击都承受不起,又怎么能在今后的岗位上建功立业呢?

在我们周围,有很多人之所以没有成功,并不是因为他们缺少智慧,而是因为他们面对艰难的事情没有做下去的勇气,他们自认为已陷入绝境,只知道悲观失望。

其实，人生没有绝望的处境，只有对处境绝望的人。

有一位穷困潦倒的年轻人，身上全部的钱加起来也不够买一件像样的西服。但他仍坚持着自己心中的梦想，他想做演员，当电影明星。好莱坞当时共有几百家电影公司，他根据自己划定的路线与排列好的名单顺序，带着为自己量身定制的剧本前去一一拜访，但第一遍拜访下来，那些电影公司没有一家愿意聘用他。

面对无情的拒绝，他没有灰心，从最后一家被拒绝的电影公司出来之后不久，他又从第一家开始了他的第二轮拜访与自我推荐。第二轮拜访也以失败告终。第三轮的拜访结果与前两轮相同。但这位年轻人没有放弃，不久后又开始了第四轮拜访。当拜访到第四轮中间一家公司时，老板破天荒地答应让他留下剧本先看一看，他欣喜若狂。几天后，他接到通知，请他过去详细商谈。就在这次商谈中，这家公司决定投资开拍这部电影，并请他担任自己所写剧本的男主角。不久这部电影问世了，名叫《洛奇》。这个年轻人就是史泰龙，后来他成了红遍全球的巨星。

其实，陷入绝望的境地往往是对今后的路没有信心，或者是对曾经得到而又失去的东西深感痛心，所以有人会因此而绝望。人们常说"绝境逢生"，很多时候，有些事情看起来没有回旋的余地，但只要不放弃，就可能会出现转机。

任何时候，只要人在就有希望，遇到任何处境都不应该绝望。流过血，流过泪，付出了汗水，痛哭过后，擦干眼泪，一切都可以重新开始。一件事情真正没有希望的时候就是当你自己开始绝望的时候，当你自己放弃希望、放弃努力的时候，才真正到了绝望的境地。

所以，不论遇到什么事情，不论事情在目前看来是如何糟糕，千万不要以为没有办法了。也不要因为一次失败就认为自己无能，每一个成功者几乎都是不断失败，再不断爬起来，最后才实现理想的。每当自己开始绝望的时候，鼓励自己再试一次。再试一次，很可能就让自己跨越了苦难的沼泽地。

成功来自对自己强项的极致发挥

你的强项就是你的与众不同之处。这种强项可以是一种手艺、一种技能、一门学问、一种特殊的能力，或者只是直觉。你可以是厨师、木匠、裁缝、鞋匠、修理工，也可以是机械工程师、软件工程师、服装设计师、律师、广告设计人员、建筑师、作家、商务谈判高手、企业家或领导者，但如果你想成功的话，你不能什么都是。成功者的普遍特征之一就是，由于具有出色的专业技能，从而在一定范围内成为不可缺少的人物。

有了强项，把它发挥到极致，就是成功。

达尔文学数学、医学呆头呆脑，一摸到动植物却灵光焕发，他将这方面强项发挥到了极致，终成生物学界的泰斗。

阿西莫夫是一个科普作家的同时也是一个自然科学家。一天上午，他坐在打字机前打字的时候，突然意识到："我不能成为一个一流的科学家，却能够成为一个一流的科普作家。"于是，他几乎把全部精力放在科普创作上,终于成为当代最著名的科普作家之一。

伦琴原来学的是工程科学,他在老师孔特的影响下,做了一些物理实验,逐渐体会到,这就是最适合自己干的行业,经过努力后来成了一个有成就的物理学家。

汤姆逊由于"那双笨拙的手",在处理实验工具方面感到很烦恼,因此他的早年研究工作偏重于理论物理,较少涉及实验物理,并且他找了一位在做实验及处理实验故障方面有惊人能力的年轻助手,这样他就避免了自己的缺陷,努力发挥自己的特长,奠定了自己在物理界的研究地位。

珍妮·古道尔清楚地知道,她并没有过人的才智,但在研究野生动物方面,她有超人的毅力、浓厚的兴趣,而这正是干这一行所需要的。所以,她没有去攻读数学、物理学,而是走近非洲森林里考察黑猩猩,终于成为一名有成就的动物学家。

每一个人都有自己的梦想,每一个人都能够成功,只要你有拿得出手的专长,并且将这个专长发挥到极致。

个人品牌让你更具竞争力

每个商品都有自己的品牌,去商场买东西,我们宁可多花钱也要品牌商品,就是因为品牌商品有品质保障。在职场,我们也要打造个人品牌,你的名字就是你的个人品牌。一旦拥有了个人品牌,我们就有了属于自己的影响力。

第六章 所有的幸运，都是靠谱的结果

这个道理不仅适于我们的自身发展，同时适用于商界与企业。

清代商人胡雪岩就很注重企业的形象。他曾说："第一步先要做名气。名气一响，生意就会热闹，财源就会滚滚而至。"所以，胡雪岩不会放过任何一个可以让自己企业扬名的机会。

首先，胡雪岩很重视企业产品的质量。胡庆余堂的药品，每一样原料都要采用最上等的，每年在原料收购上就要比别家多花费很多心思，也投入了更多的银两。有时候，为了保证原料的质量，胡雪岩派专人采购，这就增加了员工的开销，加大了药品的前期投入。

其次，胡雪岩极其重视伙计对顾客的态度。他跟伙计说："不挑剔的就不是买卖人。"所以，在他的店铺里，尽管有时候顾客十分刁钻，可是伙计们都很有耐心，不敢有一点马虎。胡庆余堂的服务态度，也是同行业中的佼佼者。

最后，胡雪岩会利用一切机会让别人了解企业的存在，形成自己的影响力。他带头支持官府发行银票，虽然承担了很大的风险，但是他想到的就是赚名气，在官府中形成影响力。

通过各种各样的手段，胡雪岩给自己的企业建立了良好的形象。

由此我们可以看出，商家做生意，名气至关重要。一个企业，如果有了名气，客户会不远千里跑过来与你合作。但是，如果企业不注重自己的形象，不注意积累信誉，长此以往，就会失去顾客的信任，丧失掉很多赚钱的机会。

人也一样，如果不注意自己的名气，不能建立良好的形象，那么即使是去应聘，也会被用人单位拒绝。所以，要想得到更好的发展，必须先打造自己的形象。

那么，如何才能打造个人品牌呢？

1. 保持学习力及学习意愿

学习力及学习意愿是成长的象征，也是延续个人品牌的手段。一个不断学习的人内在是丰富的，也会更容易拥有自信心及保持谦虚的态度。学习会让你时刻感觉到自己在进步，学习会让你找到自身的不足，从而改正陋习。

2. 不断提升自己的专业能力

"拥有专业能力"是一种绝佳的个人品牌，是一种内涵的呈现。随着经济社会的发展，不断有新知识及新技术推出，为了避免过时，大家必须不断地增强专业能力，这是打造个人品牌首先要注意的。

3. 强化沟通能力

沟通能力包括倾听能力及表达能力。个人品牌必须透过沟通能力传达出去。你必须要有能力在大众面前清楚地表达，通过文字传达思想，也要学习站在他人的角度看事情，尝试以对方听得懂的语言沟通，为了达到这个目的，倾听是必要的。

4. 亲和力

亲和力是一种独有的气质，让人在不知不觉中被你吸引。

5. 个人形象和气质

个人形象是很重要的。当别人还没有机会了解你的内涵时，就会先从你的个人形象开始判断你的能力素质。学习让你看起来清清爽爽、专业诚恳，以整洁利落来展示你充沛的精力和良好的态度，是职场人必备的能力。

建立个人品牌，可以从自己的强项开始。每个人都有自己独特的能力，都应及早找到自己的强项，尽量发挥自己的强项，这是快速脱颖而出的秘诀。

第七章 靠谱,向上社交的关键链接力

靠谱：成为一个可信赖的人

"人气旺"的背后是"这个人靠谱"

在现实社会中，"人气旺"其实是"有价值"的折射。当一个人有了为他人、为团队服务的价值时，别人才会主动接近、认识他，从而他们可以得到更多人的帮助。所以，想要有一个良好的人脉，去认识能够创造价值的人是一种途径，但更重要的是，要打造自己，使自己成为一个有价值的人！

当你足够优秀，当别人看到了你的价值，那么你就会被认可、被重视：领导会考虑提拔你，给你更大的平台去发展；他人会靠近你，期望你可以对他们有所帮助。相反，若你一直不愿付出，一直不被人们发现，那么你的机会就很小了，你始终在以前的小圈子里活动，没有扩展更大、更广、更有用的交际圈。而其他人在此期间却把事业和人际都处理得相当好。同时，由于心理失衡，你就容易产生怨天尤人的消极情绪，总觉得什么都不够理想，总觉得自己被埋没了。其实，是你没有展示出自己的价值，导致自己没有得到应有的平台。

比如，有很多人热衷跳槽，觉得在这家公司没有发展前途，于是就跳到另一个地方，但跳来跳去也没有什么结果，反而浪费了大量的时间和精力。究其原因,就是他们只忙着跳槽,而忽视了提高自身的价值。

赵欣在一家电脑公司做销售业务,业绩平平,每天上班的心情很郁闷。她总觉得自己不得志,是这个公司限制了自己的才华和发展。有一天,她终于忍不住了,对好友说:"我要离开这个单位,我恨死它了!"

好友知道了来龙去脉后,建议道:"我举双手赞成你离开,一定要给这个破公司点颜色看看。不过,现在还不是你离开的最好时机。"

赵欣问:"为什么呢?"

好友说:"如果你现在走,公司的损失并不大。你应该趁着在公司的最后一段时间,拼命地为自己拉一些客户,成为公司独当一面的人物,然后带着这些客户突然离开公司,公司才会受到重大损失,他们肯定会非常被动。"

赵欣觉得好友说得在理,于是努力工作。事遂人愿,经过半年多的努力工作后,赵欣有了不少客户,业绩与工资直线上升,给公司创造了不少经济效益。但是,她再也没有离开的打算了。

相信很多人都看过类似故事。一个人的工作经历,最终只能是为自己的简历增添几句叙述的文字而已,干的工作多并不能代表你有能力。只有在工作中体现了你的价值,让老板真正看到你有推动公司发展的价值,有为公司提供更大效益的价值,才会给你更多的机会。从职场推演到人生的其他方面,也是同样的道理——一个人只有不断提升自己的价值,才能展现更多的才能,才会获得他人的青睐，自己的人脉网也会越织越广。

靠谱是1，人脉是后面的0

是不是有了人脉就有了靠山、地位和金钱呢？当然不是。没有实力，就算认识谁都白搭。说到底，你要成为人脉资源中的核心人物，打造一个属于你的精英团队，就必须成为精英中的精英。你不必样样精通，但必须有一样是在人群中大放光彩的亮点。

李炎是个性格活泼的小伙子，平时非常喜欢交朋友。上学的时候，朋友们都叫他开心果，都很乐意跟他交往，所以他学生时期的朋友很多，这也使得他一直对自己的人缘充满自信。大学毕业后，他父母托朋友给李炎找了一份销售的工作，试用期3个月。

来到新公司，他非常高兴，热情地和同事们打招呼，因为不熟悉业务，他常常会向那些工作时间长、有能力的同事请教问题，虽然他很谦虚，却没想到有些人对他总是不热情，有的甚至不爱搭理他。

开始他非常困惑，觉得同事之间不是应该相互帮助吗？怎么他们好像怕自己抢了他们的业绩似的，都在防着自己？直到有一天，他无意中听到两个同事在议论他："这个李炎成天假笑，不就是想从我这儿学到东西吗？可你瞧他那么笨，什么都不懂，什么

第七章 靠谱，向上社交的关键链接力

也不会，对我一点好处也没有，还会造成我的客户资源外流，真是烦人！"

另一个同事附和着说："是呀！他总是没事就过来搭讪，真讨厌！教他还不如教那个小刘呢，人家可是王经理的重点培养对象。"他们口中所说的小刘，是跟李炎一起进公司的新人。

李炎听到他们的对话后，心里憋着一股气，觉得公司里的同事太势利，完全和学校里交朋友不是一个概念。但是他回头仔细想想，也不得不承认，在职场里，人们更看重的是你这个人能为同事和团队创造多少价值，值不值得帮助。有些人之所以对自己爱搭不理的，就是因为自己没有能力和经验。总之一句话：就是自己不具备让人信服、看好的条件。

明白这一点后，李炎在工作中更加努力，勤奋好学，还报名参加了培训班，来提高业务知识和技能。在接下来的工作中，通过他的辛苦努力，终于做出了一些工作成绩，并顺利通过了试用期。他的工作业绩不仅得到了上司的赞赏，连先前那些对他不太友善的同事也开始对他表示出好感，有的还表示要向他取经。

谁不希望与能力强的人为友呢？所以说，只有努力让自己变强，你才可能赢得更多的朋友。有人说人脉的最高境界是互相帮助。当你发现某个人很优秀，想与其成为朋友，准备主动和他建立联系。结果人家经过对你的了解，发现的能力不够强，那么很显然，人家就不会有兴趣与你成为真正的朋友。

朋友之间的关系不是单纯的索取或奉献，而是彼此互利互助。由此可见，如果你想交到更多的朋友，那就必须提高自己的素质、

道德修养及工作能力。只有这样，才能保证你和朋友之间形成良性的互利关系，而这才是你们之间的关系保持稳固发展的根本。

亮出闪光点，摆脱"谁也不是"的状态

长久以来，很多人对于拓展人脉有一种很深的误解，认为认识的朋友多就等于人脉广泛，他们信奉所谓的"你认识谁，比你是谁更重要"。其实，在人脉资源这方面，最重要的不是"你认识谁"，而是"谁认识你"。也就是说，拓展人脉资源的过程，与其说是"我要认识更多的人"，不如说是"让更多的人认识我"。因此，拓展人脉的第一步就是要成为"别人渴望认识的人"。如果想要认识更多的朋友，那么首先要让别人看到你的价值，比如你的某种专长、能力或者特质。

很多讲人脉的书籍中都强调"要积极主动地认识新朋友"，却不强调提升自我的价值。看起来像是主动拓展人脉的方式，其实这是很被动的，因为选择权在别人手上。当你"什么也不是"的时候，是别人在选择你做朋友，而不是你选择别人。但是，一旦你有了自己的闪光点，成为"别人渴望认识的人"之后，主动权就在你的手上，将由你来选择和哪些人做朋友，而不是由别人来选择你。

也许你现在"人微言轻"，但每个人都有自己无可替代的价值。有效社交的第一步，就是自我设计，打造自己的闪光点，并

且通过一定的方式和技巧把自己的价值传播出去，让更多的人认识自己。

打造闪光点，可以从自己的强项开始。每个人都有自己独特的能力，从自己独特的能力开始，是最容易打造闪光点的方法。

丹丹是一家饮料公司的业务主管，因为她平易近人、说话随和，所有的客户都喜欢和她谈话。每逢碰到同事和客户谈崩的时候，就会让她出马。只要她一去，不管什么冰山都会融化成一江春水。她个人的闪光点就是"化解矛盾的专家"。

每个人都应像丹丹一样及早找到自己的强项，尽量发挥，这是快速脱颖而出的秘诀！你的表现是你的最佳简历。我们必须做到处处打造自己的闪光点，让每个见过你的人都能记住你。

无论是打造闪光点还是个人品牌，你都要让别人一下就能记住你。想要建立广泛的人脉，就必须早日摆脱"什么也不是"的状态，把你的名字深深地印在别人的脑海中。

打造核心价值形象，成为别人乐于引荐的人

才华要为人所知，就需要遇到识才之人。如果不想怀才不遇，就要学会制造机会与贵人相遇，展示你的才华，打造你的核心价值。

盛唐时期，诗人王维想参加科举考试，请岐王向当时一位有权有势的公主疏通关系，事先向主考官打声招呼。可是公主早已

靠谱： 成为一个可信赖的人

答应别人，为另外一位叫张九皋的人打过了招呼。岐王为王维出了个主意："你将写得最好的诗抄下十来篇，再编写一曲凄楚动人的琵琶曲，五天以后你再来找我。"

五天后王维如期而至。岐王将王维打扮成一名乐师，携了一把琵琶，一同来到公主的府第。王维演奏了一首琵琶曲，曲调凄楚动人，令人击节叹赏。公主非常喜欢这首曲子，于是迫不及待地问王维："这首曲子叫什么名字？"王维马上立起身回答："叫《郁轮袍》。"公主对王维更感兴趣了。岐王乘机说道："这个年轻人不仅曲子演奏得好，还会写诗，我觉得在诗歌方面没有人能够超过他！"

公主越发好奇了："现在你手里有自己写的诗吗？"王维赶忙将事先准备好的诗稿从怀中取出，献给公主。公主读后大惊失色，说道："这些诗我以前经常诵读，一直认为是古人的佳作，竟然是你写的？"于是，岐王让王维换上文士的衣衫，再次入席。

王维在宴会上充分展示了自己的才华，成功塑造了自己的核心价值，因而得到了公主的赏识，并愿意成为王维的引荐人。从此以后，他的才华得到了世人的肯定，也给自己的满腔抱负找到了实现的舞台。生活中，我们应该像王维那样打造自己的核心价值，吸引别人为自己的成功助一把力。

要得到他人的帮助和关爱，就必须采取主动。正如人们常说的："老实人吃哑巴亏，会哭的孩子有奶吃。"不要以为自己有才华，就可以傲视一切、目中无人，而应该主动让别人看到自己的核心价值，让他发现你、肯定你，并给你指明一条发展的道路。

这样，你的才能才不会被埋没，你才会一步一步地接近成功。

打造"实心社交"，杜绝"空心社交"

空心社交，就是一种看似庞大、其实华而不实的社交。也就是那种熟人到处有，名片满天飞，还时常把"感情""交情"挂在嘴边的社交圈。通过这些关系结识的人，很多不但不能成为良师益友，给人积极向上的力量，有的时候还会拖人后腿。

李强大学毕业后，应聘到一家市级银行的分行工作。刚开始工作，李强十分努力，还适时地和分行行长交流业务问题，虚心求教。很快，头脑聪明的他获得了行长的赏识。

几年过去，李强荣升为这家分行的信贷科科长。慢慢地，李强和社会上的一些朋友熟悉起来，你来我往，经常一起喝酒吃饭。这期间，正巧分行行长年事渐高，到了要退下来的时候，同时也有意推荐李强接替他的位置，于是就让李强做了代理副行长。老行长还经常带李强出席各类金融会议，使李强结识了许多金融界的重要人物。老行长嘱咐李强，要向这些专家多学习、多汇报，打好自己的能力基础。

但是年轻的李强没有听进老行长的一番话，心浮气躁的他在一大堆社会朋友的吹捧中迷失了方向，每天忙着和社会上的朋友交际。慢慢地，大把的资金通过他的手借给了他的那些狐朋狗友。

而最终,许多借款都成了坏账,李强风光无限的前途就这样被他自己给葬送了。

李强之所以自毁前程,就在于他没有分清人际交往中的主次,没有主动去接近那些"实心人脉"——金融界的知名专家、行业领军人物,却花了太多时间,陪着那些挖空心思从自己身上获取利益的人吃吃喝喝。

在现实生活中,你和一位赌徒在一起,就会认识更多的赌徒;你和一位白领在一起,就会认识更多的白领;你和一位商界精英在一起,就会认识更多的商界精英。人脉的神奇之处就在于此。

随着一个人的交际网络变得宽广,朋友越来越多,难免会需要我们"厚此薄彼",那么我们就必须学会关注人际网络中的核心人物,与他们保持良好的交际状态,也就是打造自己的"实心人脉"。

所谓实心人脉,就是那种能和自己分享各种有用信息和工作心得,互相交流工作经验,在工作方面给予实际性帮助的行家里手。通过现代型的人脉管理方式,让我们不断积累、拓展,最终形成的精华人脉。

由此可见,要想真正建立"实心人脉",必须结合自己的职业规划,积极提升自己的个人价值,让自己成为职场圈子里一个容易被人认识、大家愿意认识的人。

"实心人脉"和"空心人脉"的差别之处显而易见。建立"实心人脉"的秘诀只有一句话:把人脉和事业结合起来!一方面努力把自己打造成精英，另一方面努力结交精英，并通过人脉的力量，进一步提升自己的实力，实现良性循环！

跟比自己优秀的人交往，你也会变得优秀

一个人如果有本事和很多比自己优秀的人交朋友，也会一步步变得优秀。就像一些演艺圈里的演员，刚出道就与当红演员合作，很快名气就打响了。所以，做事成功的一条有效捷径就是站在"巨人"的肩上。

我们想要更快地成就一番事业，朋友圈中肯定不能缺少能给予自己帮助的优秀人才。只有把这些优秀人才拉进自己的朋友圈，才能在关键时刻得到他们的指导和帮助，有助于最终取得成功。

胡如林是国内某名牌大学的高才生，今年刚毕业。当他的同学为工作、为应聘忙得焦头烂额的时候，他却非常冷静，因为他对自己的交际能力很有信心。

他给一所大型企业的老板写了几封信，用自己独到的观点剖析了该企业现存的一些弊端，并提出了自己的建议。结果老板看到后，非常满意地说了一句话："这个人我们公司要了！"

于是胡如林利用自荐的方式谋得了称心的工作。

聪明的年轻人一定不会错过优秀的人物，他们会努力把优秀人物变成自己的良师益友，并在优秀人物的影响和帮助下，自发

产生一种向上的动力,并且努力奋斗,奋力成长。这样就可以无限接近成功,说不定哪天就成功了。

当然,与比自己优秀很多的大人物相交绝非易事。可能你会遭遇到很多冷眼、冷语、冷面孔,其实这也在情理之中。作为一个新人小白,别人为什么上来就高看你一眼?正因为优秀人物不易结交,所以一旦结交到一个优秀人物,那将是你一生之福,你可以在以后的人生中充分利用这项资源。

那么,我们该如何去结交那些比我们优秀的人呢?如何与他们相处呢?

第一步:第一次见面要给他留下美好的印象。初次与优秀人物见面,你的表现将是决定你能不能引起优秀人物注意的关键。初次见面时,一定让对方觉得跟你交流很舒服。另外可以问一些比较有深度的问题,这样才能引起优秀人物的注意。

第二步:调查他们的背景。与人交往,了解对方十分重要。知己知彼,才能百战不殆。如果你连他是哪家公司的都不知道,他还会觉得你值得一交吗?

事实上,优秀人物也是普通人,他们不仅有优秀的专业能力,有较强的行业影响力,也会有不一样的性格特征和喜好。我们可以通过他们的下属了解这些,当然,如果这个人知名度很高,从网上也可以查到相关信息。

第三步:该表现的时候要表现一下。优秀人物一般都是爱才、惜才的人,如果我们自己没有两把刷子,关键时刻不能露一手,那么优秀人物会觉得我们是在刻意讨好,只是嘴上功夫,没有什么真能耐。

因此，在适当的时候，瞅准机会表现一把非常重要。要让他们看到我们的独特之处，明白我们不会永远做"小人物"。当然，这个过程中要把握好度，不能锋芒毕露。

有些人更愿意跟不如自己的人在一起，因为那样很容易满足自己的虚荣心。可是，你能从不如自己的人身上学到什么呢？很显然，基本上什么都不能。而结交比我们优秀的人，能让我们快速成长起来。

比我们优秀的人都具备指导我们成长的潜质，如果能争取到很多这样的人，我们就能够营造有利于成长的外部环境，有更多的人指导我们、帮助我们。

关键朋友的"100／40 社交法则"

搭建人脉的目的是为了实现我们人生的目标和梦想。然而很多人在拓展人脉的时候是盲目的，他们并不知道当下的人脉和自己的目标有什么联系，只是单纯地为了拓展人脉而拓展人脉。如果你的人脉对于你的成功没有任何意义，那么你的人脉本身也就失去了最重要的意义。鲍勃·比汀在《人脉：关键性关系的力量》一书中提出的"100/40 社交法则"，为我们指明了一条运用人脉为成功搭桥的路。

鲍勃·比汀在研究中发现，虽然不同国家、不同地区的人对于拓展人脉有着不同的理解，但是无论哪个民族、哪个国家，拥有丰富人脉的人都在运用"100/40社交法则"，因为这是拓展人脉最简单、最有效的一种方法。

简单来说，"100/40社交法则"是指借助人脉中关键性关系的力量实现个人目标和梦想的一种方法。其中的数字"100"代表了你人脉中的关键性关系，而"40"代表你的各种目标。需要注意的是，法则中的100和40并不是确切的数字，每个人的情况不同，数字也会有所差异，100和40只是提供了一种关键性关系和目标之间大致的比例关系。

首先要做的，是明确你的"100"和"40"。纳入"100"范围内的一定要是你的关键性关系，它不包括普通意义上的朋友关系。然后，你要列出你的目标清单，也就是确定"40"。你可以在一张纸上写出你所有的目标，然后把它们放在显眼的位置，比如贴在你卧室的墙上。总之，要让自己经常可以看到它，以便明确方向，不断地提醒自己集中精力实现目标。

接下来是最重要的一步，那就是把你的"100"中的关键性关系和"40"中的目标联系起来。你会发现，你的每一个目标实际上都会涉及某些人或者组织。因此，如果想要尽快实现目标，就要和这些人产生联系。所以，你需要把"40"中的目标与"100"中的关键性关系对应起来，让你的关键性关系为你的目标提供帮助。很多时候你的"100"中的关键性关系只是充当中间人的角色，而这种间接的帮助往往能起到至关重要的作用。

也许你会说，你可以很容易地列出整整一张纸的目标，但关

第七章　靠谱，向上社交的关键链接力

键性关系却少得可怜。这并不妨碍你运用这一法则，不要忘了，地球上任何两个人之间最远的距离一般只有6个人，如果你能够充分运用好你的关键性关系，就会离目标越来越近。即使你的朋友不认识那些关键的人物也没关系，他们会努力通过其他方法来帮助你，别忘了他们是你的关键性朋友，而不是仅有点头之交的普通熟人。再退一步，即使你的关键性朋友真的无从下手帮助你，你也不妨静下心来听他们聊聊，也许他们的看法和建议正是你所需要的。

擅长交际的、成功的人都在实践着"100/40社交法则"，想办法把你的关键性关系和目标连接起来，就会达到事半功倍的效果。

第八章

好的爱情不是靠浪漫，而是靠谱

爱情越浪漫,越不容易长久

《人之初》杂志上曾经刊登了一篇题为《别了,我的浪漫女友》的文章,其中写道:

我跟我的女朋友是在大学里认识的。她叫林岩,是一个聪明活泼、充满灵性也喜欢浪漫的女孩。我是一个喜欢在女孩身上花费心思的人,经常会制造一些浪漫,一来二去,我们两个人就相爱了。

大学里的恋爱是美好的,虽然要上课,但是空闲的时间比较多,没有压力,所以玩的心思就比较重。我总是能想出一些既浪漫又刺激的点子来给她惊喜,所以那段日子过得很开心。毕业以后,我们都留在了上海,租房过起了小日子。我们的爱情还在继续,可是对于浪漫的心情和体会却变得不同了。刚刚踏上社会的我,觉得工作压力很大,再加上没有了父母的供给还要养家,所以觉得很辛苦。

当一个人被生活压得喘不过气的时候,就没有心思再玩浪漫了。可是她依然如同在学校里一样爱玩。我不能陪她的时候,她就找别人。很快地,她在网上结识了一批新朋友,并且经常参加

第八章　好的爱情不是靠浪漫，而是靠谱

网友组织的新奇而又浪漫的活动。比如加入"快闪族"，就是一些互相不认识的人通过网络给大家发布指令，约好时间和地点，之后突然集体现身在那里，做一些很奇怪的事情，引起周围人的好奇。可是，不等周围人弄清楚他们在做什么的时候，他们就以很快的速度离开了。当然还有一些更为荒诞的事情。参加这些活动的女生中，有很多都是男友陪着来的，尽管男人的压力越来越大，可是为了保住爱情，那些男人不得不牺牲自己的工作和休息时间，陪着女朋友玩着所谓的"浪漫"。

有时候，女友拿回来照片给我看，照片上那些女孩子个个笑容满面，可是参加的男孩多数都是满脸的无奈，我就对林岩说："你看看，参加这样的活动，要造成多大的浪费啊？不知道这次活动之后，她们的男朋友又要加班多少个日子才能攒够下次参加活动的费用呢！"林岩不仅没有赞同我的说法，反而露出了鄙夷的表情："你就知道心疼钱，生活需要浪漫才有滋味，整天都在那为柴米油盐发愁，有什么意思啊？"并且坚称，我可以不陪她，但是不能阻止她追求浪漫的人生。

有一次，林岩得知北京新开了一家"黑暗"餐厅，据说是中国第一家以"黑暗"为主题的餐厅，所以她非常兴奋地要求我陪着她去体验。"我们在黑暗中进食，你喂着我食物，我却咬到了你的手指……"她这样说，可是我觉得她对浪漫的追求已经到了偏执的地步，就没有答应她的要求。

后来，她一个人去了北京，我们的爱情也就此结束了。

生活中，大多数女人都喜欢浪漫，即使是整天为了家事忙碌

的几十岁的女人，也希望老公能够偶尔为自己送上一束花，或者出其不意地给自己一个惊喜。这种浪漫是实际的，是以照顾好生活为前提的。这个故事里林岩所追求的浪漫，已经超出了男友所能承受的生活水平，她对浪漫的追求，给男朋友造成了负担。

越是浪漫的爱情越容易消逝。浪漫就如同一道甜品，如果一直过着平淡琐碎的生活，那么偶尔玩一次浪漫，也许会让我们觉得很幸福。可是如果把浪漫当成一种任务，每天都必须完成，就很容易让对方感觉到疲倦。

浪漫是一种幸福的感觉，但是它需要人们的投资，这其中包括精神和物质两方面。精神上，人们要费尽心力去满足对方不断变化的欲望；同时物质上也需要一定的投入。

浪漫跟生活是两条会相交但不会重合的直线。交点处，我们可能会感觉到浪漫生活的好处，但是当这个交点结束后，两条线就会朝着自己的轨迹走远。两个相爱的人，如果男人已经回归了生活，而女人依然希望坚守浪漫，那么这份爱情恐怕也会随着那两条线的轨迹渐行渐远了。

适度地追求浪漫，给枯燥的生活解解闷，这并没有错，但不能一味地追求浪漫而不考虑自己及对方的实际情况，不顾及以后的生活，这样必定会葬送爱情。

第八章　好的爱情不是靠浪漫，而是靠谱

感觉，不是谁都玩得起的东西

男女之间，最贵的不是金银珠宝，而是感觉。

感觉，是太玄妙的东西，有时也会是错觉。有不少人不相信真话、假话、谎话、实话，只相信自己的感觉，在恋爱中跟着感觉走，结果在盲目的爱情中越走越远。

感觉，有时不一定是对的。结婚关系着人一生的幸福，慎重不是错，但一味地重视"感觉"并不能保证最后的完美结局。

麦琪很优秀，在外企做人事工作，有房有车，人长得白皙貌美，爱慕者无数。几个老同学都说她是最先嫁人的一个，可几年下来，老同学都结婚生子了，她依然是单身，朋友身边有优秀的男士都先介绍给她，依然未果。问她，只回答一句："没感觉。"

拖着拖着，就30多岁了。像她这样优秀的女人，条件普通的男人她看不上，条件相当的多数已经是别人的老公了，剩下的优秀男士多半想找的都是妙龄女郎。于是，机会越来越少。

多少优秀的人，特别是女人，就是因为太注重"感觉"，耽误了自己的大好年华。他们对婚姻有着过高的期待，不是她们找不到一个可以结婚的人，而是找不到一个彼此两情相悦的人。

有这样一种说法：如果从生理年龄来看，假使一个女人比一个男人大10岁，当这个男人10岁时，女人20岁；男人20岁时，女人就是40岁；男人40岁时，这个女人80岁。因为对于一个女人而言，30岁和40岁没有区别，50岁和60岁也没有区别，总之都是青春不再。

如果已经 30 多岁还注重"感觉",是傻气。第一次见面就有感觉的毕竟是少数,大多数人都是在长期的相处中日久生情的。一见钟情或许有心跳加速的冲动,日久生情的爱经过时间的洗礼同样很美。只要是条件相当的对象,就可以试着相处,如果总是抱着理想主义的态度,最后牵手的往往不是那个理想中的爱人。

所以,别再玩感觉浪费自己的青春了,以免错过自己最美好的姻缘。

过了"恋爱观察期"再交心

了解对方,并判断对方是否能带给你想要的爱情,是决定与对方恋爱与否的先决条件。那么,不动声色,好好地观察对方一段时间再说吧!

从生活上观察对方,看对方是邋遢还是整洁的人。比如,从他的房间来看,有些什么摆设,干净还是脏乱。如果有些东西摆放整齐,床上却比较凌乱,有可能只是这一段时间比较忙,没有收拾床铺。如果全都比较脏乱,有些地方或物品甚至堆满了灰尘,那你就要小心了,这说明他可能是个比较邋遢的人,平时生活中可能比较懒散。

从对方的言谈举止观察他的个性。说话做事可以透露出一个人的性格。如果他喜欢在你面前充满温情地谈起自己的家庭,这种人往往有耐心。如果他喜欢对别人品头论足，看不起任何人，盲目听信传言，甚至对别人的遭遇幸灾乐祸，这种人往往很自大、很自私，不如趁早离他远点。说话爱讽刺别人的人，其实是借贬低别人抬高自己，这类人心理不健康，而且对自己没有自信，以贬低别人来掩盖自卑。

还有些人爱无缘无故发火，有时会冲着电视节目喊叫，还可能因为餐厅服务员微小的失误而大叫大嚷、咄咄逼人。这样的人对自我情绪的控制能力较差，也可能会对周围的人造成伤害，有发展成抑郁症的危险。

在为人处世上也可以观察对方。从某种意义上讲，人们对工作的态度就是对生活的态度。凡是在工作上稍不顺心就跳槽的人，几乎可以预料在夫妻关系中他不会是首先让步的一方，总会让你先做出妥协。你要考虑自己能否长期包容这样的人。

从他对孩子的态度观察他是否有爱心。有人说，喜欢孩子的人，是比较有爱心的。通常嫌小孩麻烦，拒绝与小孩亲近的人，都是比较没有责任心的人，也不会成为一个好父亲或好母亲。

从对方是否守时观察对方是否在乎你。如果你们每次约会，他总让你等他，那就是没把你放在心上，同时他觉得自己的时间比你的时间更重要，这实际上是他缺乏对你的尊重。说白了，他并不太在乎你，那不如趁早放手。

从对方对母亲的态度观察他是否有孝心，或是否有恋母情结。孝顺母亲的人，通常也会疼爱妻子或丈夫。

有一对农村恋人，从相知、相恋，到步入婚姻殿堂，女人都很温柔，让着男人。

婚后，女人开始管男人，她让男人洗衣服、做饭、倒洗脚水，男人全干；女人说地里种什么庄稼，男人就种什么庄稼；女人说左邻右舍跟谁走近点，跟谁走远点，男人也全听女人的。要是遇上男人正跟人闲侃，女人在家一声喊，男人立刻像被牵了鼻子的牛，乖乖地回去。

女人觉得自己能管住男人，很得意。有一天，她在男人耳边说起了婆婆的坏话，男人一听就火了，说："想知道我为什么疼你吗？不是我怕你，是因为我妈。我爸脾气暴躁，稍有不顺心，张口就骂，抬手就打，我妈为了我们几个兄弟姐妹，熬了一辈子。每次见妈挨打，我都发誓，我要是娶了媳妇，决不动她一根指头。我妈告诉我，女人是娶来被男人疼的，不是被男人打的。我爱我妈，也决不允许任何人伤害她！"

女人惊呆了，原来丈夫并不是没骨气，而是因为爱自己、珍惜自己。从此，女人开始体贴男人，让男人在家里家外都像个爷们，其他的男人看着都眼馋。

没有爱情不行，没有面包也不行

阿妮和李鑫是从大学时代开始交往的，一毕业，他们就结婚了，不知羡煞了多少人。刚开始，他们的感情挺好的，虽然两人的工资水平并不高，既没房，也没车，在这座繁华的城市租了一

第八章 好的爱情不是靠浪漫，而是靠谱

个小一居，但是他们都觉得只要有感情，物质并不算什么。

可是过了几个月，问题出现了。阿妮因为还年轻，追求时尚，总想买一些漂亮的衣服、价格不菲的化妆品来打扮自己。而他们俩的工资，除了房租、基本开销外，基本上所剩无几。两人常常为了一些花钱上的小事吵架，比如买米啊付电费啊之类的。这样精打细算的琐碎生活把他们当初的感情磨得所剩无几，两人的感情渐渐不如从前了。

阿妮和李鑫的错误，就在于认为只要有爱情就行了，忽视了面包的重要性。

有人崇尚爱情，世俗却看轻爱情。只给得起爱情的男人，最看不起重视金钱的女人；渴望爱情的女人，最讨厌身上沾满金钱味的男人。有人说，年轻的时候因为不用担心没有面包，所以追求纯真的爱情，等到有一天自己要想办法养家糊口的时候，爱情就要经受考验了。

真正的生命，不仅是纯净与空灵、美丽与诱惑，还有欲望与挣扎，有权衡与无奈，这才完整。真正的生命，需要有柴米油盐的供养，才能存活。爱情与面包并不是对立的，而是生活的两个侧面、两个层次。没有面包的爱情，是饥肠辘辘的浪漫，最后只能是香消玉殒。

只要爱情的人是理想主义者，他们为了爱情可以放弃一切。不能说他们无知，不能说他们幼稚，他们只是在追求心中的完美世界。

选择面包的人是一个现实主义者，他们把经济基础放在第一

位。不能说他们势利，不能说他们冷漠，只是他们无可奈何。

生命中，爱情很重要，但不是唯一。爱情只是生命绿树上伸出的一根枝条，她有理由成为生长得最茂盛、开放得最美好的一枝。但是，她并不是生命全部，并不意味着你有理由放弃生命中其他的要务。

爱情不是一个存活在真空里的东西，它实实在在，它需要有物质的支撑，营养充足才能持续长久。选择面包并不可耻，而是务实，这是件好事。因为，只有务实了，才懂得怎样生活。没有爱情的生命是荒凉的，没有面包的生命是死寂的，那就找个深爱的人共同创造面包吧。

可以恋爱N次，但不可滥爱一次

吴鑫从大学到现在为止，谈了不少男朋友，很多不了解她的人都觉得她太过"花心"，连她妈妈也担心她这样挑来挑去，会把自己的美好姻缘错过了。

但是吴鑫却不这样认为。她总结了一下自己的性格：她有点强势，所以找的老公不能太大男子主义；她喜欢自由，所以老公应有自己的事业，不能老守着她；她喜欢浪漫，所以老公也不能太木讷。

而这些经验就是从她以前的恋爱经历里得出来的，所以现在吴鑫认准了目标后，就开始了耐心的等待。

第八章 好的爱情不是靠浪漫，而是靠谱

后来，同事给她介绍了李俊。虽然他没有以前的男朋友有钱，也没有以前的男朋友帅气，但他性格温和，有一份稳定的工作，同时也挺懂幽默的。几次接触之后，吴鑫就对他倾心了，而李俊也对她挺有感觉的。所以两人在交往一年后，结婚了。

听到吴鑫结婚的消息，她身边的人都很吃惊，以为她挑来挑去会选一个既有钱又帅气的，所以她们都认为像她这种眼光高的"花心"女孩，肯定过不了几天就离婚了。但是吴鑫和李俊的日子却过得温馨甜蜜，羡煞旁人。

正如吴鑫自己所说："虽然我喜欢挑挑拣拣，但我并没有哪一次是不负责任的滥爱，我没有拿自己的爱情开玩笑。我只是要从自己的多次恋爱里找出最适合自己的类型，然后一旦符合我的要求就会赶紧决定，如果被别人捷足先登了，岂不是浪费自己之前投入的时间和精力？"

在不知道哪样的人适合自己之前，可以在恋爱时多观察思考，但是绝不可以滥爱，不能因为寂寞就随便凑合，不能因为所谓的爱情就放弃坚守的底线，不能为了找到更好的男人而脚踩几条船，更不能为了图安逸或让自己少奋斗几年就嫁个有钱人。张爱玲曾经说过："我要让你知道，在这个世界上，永远会有一个人等着你，无论在什么时候，无论你在什么地方，反正总会有这样一个人。"所以，未婚的人不愁嫁，何必把自己的青春浪费在不值得托付终身的人身上呢？

可以多谈几次恋爱，但不可一次滥爱，你虽然无法左右别人，但是你自己一定要对自己负责。

靠谱：成为一个可信赖的人

别把感情浪费在不适合的人身上

选择终身伴侣的第一个前提是：对方要是个"自由身"。"自由身"就是可以自由和你交往，没有结婚、没有订婚、没有固定的交往对象、单身并且只和你交往的人。

千万不要和已婚或有对象的人交往，不管是什么借口，结果都会一样，这注定会让你心碎。

林丽是一家医院的护士，她长得文静、漂亮，又十分善解人意，但是她性格内向，再加上她单纯的工作环境，使她一直没有交到合适的男朋友。

在林丽二十五六岁时，她的朋友就劝她，一定要走出生活圈，多参加一些社交活动，这样才有机会认识合适的男性。后来，林丽果真主动参加了当地的舞蹈社团，也认真、热心地担任组织者。

可是，林丽热心投入社团之后，竟然不知不觉地喜欢上了教舞蹈的男老师。就这样，林丽每次活动都准时到，绝不缺席，而上完课，老师也会陪着她一起去吃宵夜，并送她回家。慢慢地，林丽竟然爱上了老师。

爱让人疯狂！林丽虽然知道老师已经结婚，可是，她对老师的爱慕愈来愈深，而且已经无法自拔了！

林丽虽然觉得辛苦，可她就是无法痛下决心，离开那个老师，她的伤痛至今仍在继续着……

第八章　好的爱情不是靠浪漫，而是靠谱

　　我们都会为林丽感到不值，好好的一个姑娘，怎么就会把自己的幸福交给一个已婚男人？感情是珍贵且又容易枯竭的，请珍惜你的感情，别把它浪费在不适合的人身上。当你感觉对方不合适，可以自己选择离开，这何尝不是一种洒脱呢？

　　当你发现对方不适合了，不要一味地忍让和包容，这样只会让对方更加肆无忌惮。受了伤害，就有权离开。不爱了，就要果断，和不适合的人分开，才能给自己机会去遇见合适的人。

图书在版编目（CIP）数据

靠谱：成为一个可信赖的人 / 达夫著. -- 北京：中华工商联合出版社，2024. 8. -- ISBN 978-7-5158-4032-1

Ⅰ．B848.4-49

中国国家版本馆CIP数据核字第20248V10W0号

靠谱：成为一个可信赖的人

著　　者：达　夫
出 品 人：刘　刚
责任编辑：吴建新
封面设计：冬　凡
责任审读：郭敬梅
责任印制：陈德松
出版发行：中华工商联合出版社有限责任公司
印　　刷：三河市华成印务有限公司
版　　次：2024年8月第1版
印　　次：2024年8月第1次印刷
开　　本：880mm×1230mm　1/32
字　　数：99千字
印　　张：5.5
书　　号：ISBN 978-7-5158-4032-1
定　　价：35.00元

服务热线：010 — 58301130 — 0（前台）
销售热线：010 — 58301132（发行部）
　　　　　010 — 58302977（网络部）
　　　　　010 — 58302837（馆配部、新媒体部）
　　　　　010 — 58302813（团购部）
地址邮编：北京市西城区西环广场A座
　　　　　19 — 20层，100044
投稿热线：010 — 58302907（总编室）
投稿邮箱：1621239583@qq.com

工商联版图书
版权所有　侵权必究

凡本社图书出现印装质量问题，请与印务部联系。

联系电话：010—58302915